U0112473

理性多元思考法

知的複眼思考法

〔日〕苅谷刚彦——著

朱悦玮——译

中国友谊出版公司

目　录

新版前言

在我们的身边笼罩着一层无法言喻的不透明感。同时，非善即恶的二元论思考方法也在不断地蔓延。距离旧版出版已经过去了6年，眼看着这样的变化趋势愈发明显，我深刻地感觉到让更多的人掌握"用自己的大脑思考"的方法至关重要。

不安、失望、不信任等负面情绪充斥在日常生活之中。金融系统和财政摇摇欲坠，似乎早晚有一天会崩溃。日本经济找不到复兴的希望，不知何时裁员和破产就会降临在自己的身上。日本政府对疯牛病应对不力以及食品生产企业的违法行为，也导致民众对政府和企业彻底失去了信任。

除此之外，政治家围绕着金钱与权力发生的丑闻，也使一些民众不再相信政治和行政。尽管我们的身边存在如此之多的问题，我们却找不到解决这些问题的方法。就算知道应该如何解决问题，但在实际执行时又会因为遇到别的问题而被迫中止。即便如此，在充满失望和不安的时代中，我们每天仍然需要做出选择。因此，我们决不能被负面的情绪所束缚，不能意志消沉，更不能自暴自弃，必须拥有凭借自己的力量挣脱束缚的觉悟，这就需要我们能够做到自主思考。

自从2001年9月11日以后，"整个世界都发生了改变"。非善即恶的美国世界观传播到整个世界，最典型的表现就是二元论思考方法的蔓延。以日本为例，政治家们不是"结构改革派"就是"反对派"，被简单地分为好与坏两部分。在因为找不到答案而充满不安和失望的背景下，人们更容易接受这种简单易懂的二元论思考方法。

在批判他人的时候，人们往往会将自己放在正义的一方。但人们却从不去思考为什么会有正义与邪恶的区分，区分的依据是什么，这样区分的意义何在。事实上无论是改革派还是抵抗派，都不能单纯地以善与恶、好与坏来区分，这种将两者简单地区分开的做法本身就可能涉及某些特定的利害关系。难道将"反对派"一扫而光就能将问题彻底解决吗？事情远没有那么简单。

当我们站在非黑即白的立场上看待问题时，我们真的是在用自己的大脑进行思考吗？在这种二元思考之中，根据印象和推测做出的判断形成了整个社会的"舆论"。无论是政治家的支持率还是政策的支持率，都在很大程度上受到舆论的影响。

我们在每天的日常生活中还是不得不做出选择。比如：是否将牛肉从午餐的食谱中清除？是否拒绝购买有违法行为的企业的产品？是否将仅有的一点存款从银行转移到邮政储蓄？是否因为不信任公立学校而让孩子开始上补习班？是否收看报道某政治家正面新闻的电视节目？

实际上，这些选择也受舆论的影响。如果想不受舆论的影响，就必须提升自己的思考能力和判断能力，用自己的大脑来进行思考。

"自主思考"说起来很容易。但以为自己"掌握了自主思考能力"的人，究竟拥有多强的思考能力呢？真的知道思考的含义吗？阅读就意味着思考吗？调查就能锻炼思考能力吗？深入讨论就能将自己的想法传达给别人吗？

阅读要怎样才能与思考相结合，采用怎样的调查和讨论方法才能提高思考能力？如果没有具体的方法，阅读就只是单纯地接收信息，调查也只是发现表面问题，讨论则只能针对特定的情况表明意见（因此，身为教育社会学研究者的我才对现在以培养"自主学习、自主思考"的能力为目标的教育改革心存忧虑）。

要想拥有思考能力，应该怎么做才好？要想改变对事物的看法，又应该怎么做呢？我只能尽可能具体且通俗易懂地将这些方法传达给大家。当然，实际做起来可没有说起来这么容易。本书是否做到了这一点，只能依靠诸位读者的判断，而本书能够再次出版，说明读者对我在本书中给出的方法表示肯定。

在新版之中，我除了追加一个专栏之外，只修改了若干字句，更新了一些事例。列举的案例虽然又经过了一段时间，但并没有发生太大的变化，所以予以保留。因为思考方法的"基础"并没有那么容易改变。

现代人愈发容易受到舆论的影响。如果本书可以帮助更多的人培养出不会受舆论影响的"多元思考"能力，那将是我最大的荣幸。

苅谷刚彦

什么是理性多元思考法

1 欢迎来到理性多元思考法的世界

用自己的大脑思考

"你想问题、看事情是不是太简单了？任何事物都有多元性，你不能只看一面。"

"你所谓的创意只不过是常识而已。请多用自己的大脑思考。"

"你的视角太单一，所以看不到整体的情况。"

老师和上司是否对你说过这样的话？

在这个时候，你是否心存疑问，不知道应该怎样做才能更全面地看问题？

你有没有经历过这样的场面？

- 对他人提出的意见，你虽然有些不认同，但还是没有提出反驳。

- 虽然有让你很在意的地方，但仍然消极地接受了他人提出的意见。

● 当别人询问你的意见时，虽然你有点想法，但无法清楚地
　表达出来，最终只能回答"没意见"。

　　有过上述经验的人，应该都希望"能够拥有自己的思考和自己的看法"，或者希望"能够将自己的想法清楚地表达出来"。想必认为自己缺乏思考能力并对此感到不甘的人应该也不在少数吧。

　　确实有很多人不知道在这种情况下应该怎么做才好，就算被老师、上司指出了缺点和不足，却没有被告知"应该怎么做"。而当打算自己想点办法的时候，我们却发现连首先应该做什么都不知道。就算知道应该做什么，到了实际操作的时候又会遇到很多问题。这样的情况简直屡见不鲜。

　　怎样才能不会轻易被他人的意见所左右？怎样才能用自己的语言清楚地表达出自己的想法？怎样才能有逻辑地展开思考？怎样才能不被"常识"束缚，掌握"用自己的大脑进行思考"的能力？从没有人教过这些，自己也不知道应该怎样做。本书会针对这样的读者，以我在大学积累的经验为基础，尽可能具体且通俗地为大家讲解提升这些能力的方法。

　　本书的目标，是帮助大家摆脱"固定观念"的束缚，掌握用自己的视角来看待问题、用自己的大脑来进行思考的方法。

　　"当今是信息化的时代，所以……""在全球化时代日本应该……""现在的日本需要'结构改革'……""日本男尊女卑的情况仍然很严重……""日本是平等主义社会……""这是规定，

就应该这样做……""这种事没有先例，不能做……"

在日本人的耳边，总是能听到类似这样的"固定观念"。当然，这些观念不能说全都是错的。但当遇到固定观念时，我们往往不会进行更加深入的思考就直接条件反射般地认为"确实是这样""原来如此"。在完全没有自己进行判断，并且也没有任何事实和根据的状态下，就接受了这种"常识性的"固定观念，然后自然而然地放弃了继续思考。像这样被"常识"束缚，就是"不用自己的大脑进行思考"的第一步。

在"常识"的束缚下对事物进行观察和思考的方法可以称为"二元思考"。世间通用的观点和看法，只看到了事物的一面，因此属于二元思考。如果在这个时候放弃自主思考，就永远也看不到事物的其他方面。

但是，在固定观念束缚下的二元思考会让人感觉心情舒畅。因为从"常识"的角度出发，我们会产生出"自己和他人一样"的安心感。因此，只要随声附和地说"是这样"，对话就会顺利地进行下去。不用自己的大脑思考，完全地随波逐流。

然而，如果在这种"固定观念"之中陷得太深，就会失去对事物进行多角度观察的能力。

比如以下这种情况。

现在人们常说"如今是信息化的时代，IT革命"。但要是被这种固定观念束缚，就会产生"现在是信息化时代，所以必须要会用电脑……"或者"如果不了解互联网的话，就会跟不上时代"之类的强迫观念。急急忙忙地买了台电脑回来却不会使用，反而让自己变得更加焦虑。对于"当今是IT革命的时代"这一固定观念不加思考就信以为真地接受下来，就会产生出"不能被时代淘汰"的焦虑心理。这就是自己没有深入地思考，便随波逐流地认为"必须与他人一样"所导致的结果。

即便是"信息化"的时代，但对自己来说最重要的问题还是需要哪些信息以及如何获取信息。自己购买电脑究竟有什么用处？通过电脑和互联网获得的信息，对自己的生活和工作究竟有何意义？是否没有电脑自己就无法区分"垃圾信息"和真正重要的信息？

这些问题的答案因每个人所处的立场和周围环境的不同而各不相同，所以"信息化、IT革命"的意义也因人而异。也就是说，我们不能随波逐流地接受"信息化、IT革命"的固定观念，而是要冷静地思考其中与自己有关的内容究竟存在怎样的意义。这样我们才能搞清楚自己应该怎么做。但是，不经自己思考，只是一味地想要做到"必须与他人一样"，就无法知道什么才是对自己来说最重要的事。不仅如此，"信息化"的趋势，对于自己的身处的社会有怎样的意义，不思考这一点的话，就会变成允许"IT革命＝大麻烦"这种潮流先一步发展起来。

掌握多元思考法

与二元思考法相对的，是不被常识和固定观念束缚的思考方法——我将其称为"理性多元思考法"。要想不被常识束缚，最重要的一点就是摆脱固定观念，从相对化的视角看待问题。所谓多元思考法，就是通过在多个视角之间自由地切换，避免被单一视角束缚的相对化的思考方法。用前文中提到的例子来说，就是不被"信息化时代"和"IT革命"的固定观念束缚，从多个视角重新对其进行思考和分析。这种帮助我们发挥自主思考能力的方法就叫作"理性多元思考法"（有时候也简称为"多元思考法"）。

本书针对如何掌握理性多元思考法进行详细解说，但并不是对奇特创意和特殊想法的解说书，也不是让人读完之后就会立刻产生与众不同思考的技术书。

对于我本人来说，多元思考法是最合理的思考方法。准确解读信息的能力、理清事物逻辑的能力、基于获取的信息建立自己理论的能力，只有以这些最基本的思考能力为基础，才能不被"常识"束缚，用自己的大脑思考——也就是进行理性的多元思考。

本书将从思考能力的基础训练开始，具体解说如何从多个视角思考事物的方法。它并不是教大家异想天开，而是帮助大家理解什么是"用自己的大脑思考"，以及相应的方法。总之，这是能够给大家提供具体帮助的实用读本。

2 被"常识"束缚的思考方法

课堂上的陷阱

首先，请大家来我的大学上一堂课。

我一般在上课的时候，会先给学生们放一段视频。最近我播放的都是宫崎骏的《岁月的童话》。

在这部影片中，有一个主人公回忆小学的计算分数的除法，只要将分数的分子和分母颠倒过来再相乘，就可以计算出结果的情节。针对这个情节，我给学生们提出的问题是"为什么要将分母和分子颠倒过来？""怎样才算是掌握了分数的除法？"

诸位读者也试着回答一下这两个问题吧。请将你们的答案写在纸上。

我在上课的时候会给学生们发答题纸，让他们将答案写在上面，然后交给我。在下一堂课的时候我会将他们的答案发回去。不过在答题纸的空白处，有我用红笔写的 A 或者 B 或者 C 或者 D。

读者朋友们如果看到自己的答题纸上写着这样的字母，会怎么想呢？

　　学生们在看到自己答题纸上的字母后，有的人喜形于色，有的人垂头丧气，还有的人愤愤不平。如果诸位读者发现自己的答题纸上用红笔写着"D"，会是怎样的感受呢？

　　当我将答题纸全发回去之后，对学生们这样说道：

　　"拿到A的人请举手……没有几个呢！接下来是拿到B的人……"绝大多数拿到C和D的学生都因为不好意思而小心翼翼地举起手。

　　紧接着我又问："拿到A的人，觉得自己回答得怎么样？拿到D的人，觉得自己回答得怎么样？"结果，拿到A的学生都表示"比自己想象的要好""很高兴"，而拿到C和D的学生说的则都是"没写好……"之类的。

　　等学生们都回答完毕之后，我再次问道：

　　"你们觉得答题纸上红笔写的A、B、C、D是什么意思？"

　　学生们都惊讶地望着我，过了一会儿才回答道："不是分数吗？"

　　"谁说那是分数了？只是普通的字母而已。"这下学生们脸上的表情更加惊讶了，"昨天看完你们的答案之后，我随手在空白处写的字母，没有什么特别的意义，并不是成绩。"听我说完，学生们全都一脸茫然地问道："用红笔写的A、B、C、D，难道不是分数吗？"

　　于是我反问道："为什么你们看到在答题纸上用红笔写出的A、B、C、D就认为是分数呢？为什么你们会将普通的字母看成分数？而且你们都觉得A比B更好吧？为什么A代表比B更好的分数呢？"

如果诸位读者也坐在我的教室里，想必也会因为自己答题纸上的"A"或者"D"而有人欢喜有人愁吧。但是，我们为什么会产生这样的想法呢？

因为我们从上小学开始，就在长年累月的校园生活中耳濡目染，知道老师一定会给学生们的作业评分，评分一般是用红笔写的字母或者数字，而且评分肯定有好有坏。

一个普通的字母记号，为什么会拥有这么多的意义？这就是我在课堂上设置的"陷阱"。通过触发这个陷阱，学生们会发现自己的认知已经被"常识"束缚，因此拿到"A"会感到高兴，拿到"D"则心有不甘。

以此为开端，学生们还会继续深入思考。为什么在学校里老师要给学生评分？为什么要按评分高低进行排名？学生们对评分和排名有什么看法？是谁决定要这样进行排名？通过思考上述问题，引导学生们认识到现代教育存在的弊端，然后引出我的授课内容。

我们所说的"知识"，其实分为许多个"层级"。知道分数的除法计算方法是第一层。知道为什么将分母和分子颠倒过来再相乘就能得出结果是第二层。知道掌握这些知识后能在课堂上得到什么评价是第三层。知道"毫不怀疑地接受评价的体制本身"其中的原理是第四层。

在我们平时的生活中，几乎从不会将第四层的知识拿到表面上来讨论。在绝大多数的情况下，人们都对这一层视而不见，以保证事情能够顺利地进行下去。以刚才的答题纸为例，如果这份答题纸是真正的成绩评价对象，那么"A"和"D"的记号就会被当作评分而得到所有学生的认可。

但是，我们对这种"理所当然"产生怀疑的一瞬间，就会发现我们的日常生活全都建立在这种"理所当然"的基础之上。我们如何才能重新审视这种"理所当然"地看待事物的方法？如何将"理所当然"的事当作用自己的大脑思考的对象？我们要怎样做，才能改变这种"理所当然的思考方法"，从"常识"的束缚中挣脱出来呢？我在课堂上设置的"陷阱"，就是为了让学生们能够在一定程度上从脱离常识的视角去看待问题。

二元思考与多元思考

什么是多元思考呢？多元思考与普通的思考方法之间存在哪些区别呢？接下来我将通过几个例子来为大家进行更加详细的说明。

我在东京大学教授的学生中，有不少是从重点初高中连读上来的学生。他们经过初中考试后就在学校里念完全部的中学课程，然后顺利地考入东京大学。从这个意义上来说，这些学生在很长一段时间内都生活在一个水平比较相似的团体之中。他们可能确实属于世人常说的那种"头脑聪明"的学生。但在他们之中，也存在"思维僵化"的人。

比如有一次我和学生们围绕教育的问题展开讨论，有一名学生这样说道："重点学校的学生，从小就在残酷的应试教育环境中长大。在竞争的过程中必然要挤掉别人，因此，他们很难交到朋友。"

他的这一观点包含了应试教育促进竞争的"常识"，以及因为竞争要挤掉别人，所以无法处理好朋友关系的"常识"。只要遵循世间对应试教育的普遍印象，就会产生出这样的观念。而其他的学生在听完他的发言后，也纷纷点头，表示"确实如此"。

但这种看法来自对重点中学的固有观念。在电视和杂志的画面上，我们经常能够看到为了考入重点中学而戴着"必胜"的头带，拼命学习想要提高分数的小学生形象。正是这些小学生的形象，使人们有了学生们从小就在不断地进行竞争，自然交不到朋友的"常识"。在对应试教育进行批判时，"能在考试中胜出，可能说明头脑聪明，但人际关系很差"和"应试教育破坏友情"是最常出现的声音。学生们表达的意见中也充分地反映出了这些"常识"。

类似这样的观点几乎每年都会重复出现。这也可以说是东大学生在某种程度上共有的"考试观"。但要是被这种固定观念束缚，就无法看到重点中学的学生们真正的一面。

因此，我会对说出上述观点的学生提出这样的问题："那么，你认识的重点中学的学生们是这样吗？"如果说出上述观点的人自己就来自重点中学，那我就会问他"你自己是这样吗？"。结果，绝大多数的人回答都是"我的朋友××不是这样""我不是这样"。也就是说，他们不顾自己和自己朋友的事实，仍然对世间的"常识"深信不疑。

事实上，在来自重点高中的学生之中，有不少人际关系特别融洽的人。他们虽然也在认真学习，但并没有因为考上大学而筋疲力尽，反而给人一种游刃有余的感觉。这样的学生与普通学校的学生相比，拥有更加丰富的人生阅历。与其说他们受应试教育的影响，不如说家庭环境和社区环境对他们造成的影响更大。他们比世人所想的更加"轻松"，而且在经济和文化都更加富足的家庭背景下，他们的人际关系也更加和谐。这些都是在固定观念的束缚下看不到的。

看不见的不只是重点中学的学生们真正的一面。"应试教育中的胜利者，人际关系都很差"的印象究竟是如何成为世间"常识"的呢？这种"常识"的背后有什么隐情？否定竞争中的胜利者，对我们的社会究竟有什么好处，又会带来哪些弊端？

在我们对日本社会人才选拔的特征进行分析时，上述问题能够给我们提供一些非常重要的视角。通过丑化"精英"们的形象，或许可以加强日本社会"人人都一样"的横向比较意识。或者对于竞争的胜利者们来说，通过"自我贬低"可以使他们更容易被社会所接受，减少普通人与精英之间的摩擦。再换一个角度来看，这可能来自竞争失败者的"酸葡萄"心理，认为"虽然他们在竞争中胜利了，但在做人这方面却失败了"。虽然有些讽刺，但这种对胜利者的否定态度成为世间的常识，可以减少普通大众对精英的不满，从结果上来说，能够使精英们获得更加宽松的生存环境。像这样，只要稍微跳脱出固定观念的束缚，就能看到许多不同的侧面。脱离固定观念后，就能够获得被"应试教育中的胜利者，人际关系都很差"的印象束缚时所不具备的看待问题的视角。

再来说一个连我都没想到的多元思考的例子。

日本"奥姆真理教"事件爆发的时候，围绕某电视台是否给该教团看了报道用的影像资料这一问题，引发了社会的广泛讨论。讨论的重点就在于电视台的"自主管理"。主要内容可以归纳如下：

电视台必须公布事情的真相，否则以邮政省（当时）为首的国家权力就会介入。但这样一来，就相当于国家破坏了新闻自由。为了不让国家权力介入，电视台自己的判断就非常重要。

这种观点乍看起来非常正确。"新闻自由"和"国家权力介入"作为一种固定说法，为上述观点提供了一个常识性的基础。因此，社会舆论普遍认为这次事件应该通过电视台的"自主管理"来解决。然而就在这种观点呈现一边倒的趋势的时候，当时担任朝日电视台NEWS STATION节目主持人的高成田享却提出了不同的观点："确实不应该允许国家权力介入。但依靠电视台'自主管理'解决问题，就能缓和电视台与国家之间的紧张关系了吗？"

听了他的观点，我顿时有种恍然大悟的感觉。因为我在思考这个问题的时候，也被常识束缚了。国家权力介入新闻机构确实不妥，但电视台通过"自主管理"来防止出现类似问题的话，反而可能会给新闻自由带来更大的损害。新闻机构为了避免与国家发生冲突，可能会主动对新闻报道施加严格的限制，这与和国家之间保持紧张关系相比，哪一个对"新闻自由"的影响更大呢？

"国家权力介入"很容易让人联想到"剥夺权利"，但这其实是二元思考，因此我们应该从更多的角度来思考日本的国家权力介入与新闻自由之间的关系。这也是多元思考的一个典型例子。

我们再来看一个多元思考的典型案例。针对"药害艾滋病"问题，时任厚生大臣的菅直人所采取的一系列行动，彻底改变了厚生省（现在的厚生劳动省）一直以来的立场。

导致药害爆发的主要原因是长期使用未经过高温杀菌消毒的血液制品。当菅直人打算在省内成立一个调查组专门对原因进行调查时，他得知之前发生"沙利度胺事件"和"SMON事件"时都没有专门成立过调查组，所以他的这一举动可以说是"史无前例"的。但他果断地开创"前例"，成立调查组对事件进行彻底的调查。结果发现了许多一直以来被认为并不存在的资料，这也成为解决"药害艾滋病"问题的突破口。

在一次采访中，菅直人对大臣的职责这样说道：

> 大臣是政府部门的行政负责人，也就是公务员的领导。同时大臣也是政治家，是被国民选举出来对行政进行指挥和监督的人。这两方面必须兼顾才行。（菅直人《观察》，1996年第6卷第5期）

如果换成"普通"的大臣，很容易会将工作交给手下的工作人员去做，大臣的身份只是他们为了争取竞选获胜的筹码。这就是典型的二元思考。但从菅直人的回答中不难看出，当时他至少从两个角度对大臣的职责进行了解读，一个是"公务员的领导"，另一个则是"被国民选举出来对行政进行指挥和监督的人"。也就是说，他不仅仅将大臣看作行政权力的行使者，同时还清楚地认识到这种权力来自国民的支持。正是在这种多元思考方法的指导下，他才能最大限度地发挥出"大臣"的能力，以"国民的支持"为后盾，开创了政府前所未有的"前例"。这与单纯将"大臣"的身份看作政治生涯垫脚石的二元思考方法完全不同，可以说是挣脱了固定观念束缚的最正确的思考方法。

前文中提到的"奥姆真理教"事件和"药害艾滋病"事件都是非常重大的日本社会问题，但多元思考法并非只有在面对这些重大问题的时候才有用。事实上，在我们的日常工作和生活中，也经常会遇到"史无前例"的情况，或者需要凭借"自主管理"来解决的问题。应该如何看待自己的权力和地位？如何看待组织的原则和规定与自己的自由之间的关系？类似这样的例子，在我们的身边可以说是数不胜数。

更进一步说，这样的重大事件与我们的生活其实也息息相关。无论是行政机构还是新闻媒体，它们的一举一动都会对我们的生活造成影响。既然如此，当我们面对这些社会问题时，更不能被固定观念束缚，要拥有自己的思考。只有这样，我们才能发挥自己身为"市民"的责任，间接地防止同样的事情再次发生。从这个意义上来说，多元思考是挣脱固定观念，成为拥有自由思考能力的市民的重要方法。

专栏

巴特的《神话修辞术》

法国的结构主义思想家罗兰·巴特提出了"神话学"的概念。巴特在其著作《神话修辞术》中指出，神话最重要的作用就是"让历史顺利地发展"（《神话修辞术》）。

可能有点让人难以理解，但巴特所说的神话，并不是像希腊神话或日本神话之类的神话故事。他认为现代的"神话"，指的是一种能够让人们由衷地认为某件事物理所当然具备的力量。

巴特认为"神话赋予事物的并非明确的说明，而是明确的认知"。也就是说，在神话的作用下，每个人都会对该事物产生出"原来如此"的认知。就算没有展示出充分的证据，人们也仍然认为其"理所当然"。神话相当于一个以我们如何认识事物以及如何解读事物为基础所建立起来的框架。而且这种框架的正确性即便没有经过任何验证，也能在世间达成共识——这就是巴特所说的"神话"。

在本书中，我所说的"固定观念"和"常识"，用巴特的话来说就是"神话"。因此，多元思考法也可以认为是挣脱现代神话学束缚的思考方法。

3　知识与思考

名为"正确答案"的幻想

最近的年轻人，虽然能够很好地完成别人安排的任务，却不知道自己应该主动做些什么，所以被戏称为"待命族"。以学生们为例，老师布置的学习任务，他们都能很好地完成，但让他们自己提出问题并加以解决的话就没那么顺利了。

每年一到写毕业论文的时候，总有一些学生因为想不出合适的主题而万分苦恼。有的学生虽然有自己感兴趣的领域和课题，但仍然无法将其准确地以"问题"的形式表现出来。这些学生虽然擅长找出问题的答案，但要是让他们自己提出问题并加以解决的话，他们之前在应试教育中培养出来的能力就派不上用场了。

更令人在意的是，当我向学生们提出问题的时候，他们总是习惯性地寻找正确答案。即便安排学生们进行分组讨论，他们也急于先确定一个答案。或许这是一种诚实和认真的表现。但也说明他们与仔细思考相比，更愿意简单地从某些地方直接找到答案。

我在某大学担任客座教授的时候，曾经让学生们写一篇报告。结果，绝大多数的学生都是将教科书上相关的内容直接照搬过来，少部分的人适当地精简整理了一下相关内容。大学本应是培养"思考能力"的地方，但这些学生似乎认为只要从老师教的和教科书上写的内容中寻找"正确答案"就足够了。

上课的时候认真地将教师所讲的内容全都记在笔记本上，考试和写报告的时候将笔记本上的内容直接照搬上去。如果是在美国的大学，这种毫无创造性（自己的思考）的答案肯定不能及格，但在日本的大学里却能顺利过关。因为在日本的大学里，被动认知和主动思考之间没有一个明确的界限，只要知道正确答案就万事大吉的对正确答案的"信仰"根深蒂固。而应试教育也从另一个侧面强化了这种对正确答案的信仰。

这种信仰也催生出了一个名为"学业不精综合征"的群体。当在讨论环节遇到不懂的内容时，总有学生以"我学业不精，不知道"为借口。每当遇到自己不懂的内容时，他们总觉得是自己学业不精所导致的。

"因为掌握的知识不充分，所以不知道""如果再多读点书，就能明白了"。这些学生认为自己之所以无法解决问题，是因为学习还不到位。也可能是因为我接触到的东大学生都特别严谨、认真。但像他们这样的精英，将缺乏思考能力归罪于知识不足和学业不精的情况却意外地非常多。事实上，与其说他们缺乏知识，不如说他们没有将自己掌握的知识充分地利用起来。

"因为缺乏知识，所以不知道"这种"学业不精综合征"的症状，其实就是"只要找到正确答案就会知道"的正确答案信仰的典型表现。而这种对正确答案的信仰，也与追求"唯一正确答案"的原教旨主义十分相似。

如果过分追求"唯一正确答案"，即便看到事物存在多个不同的侧面，也难以接受这些侧面之间存在的差异。因为看待事物的出发点是"唯一"的。这种追求唯一正确答案的态度与多元思考正好完全相反。

就算没那么极端，但坚信存在正确答案，坚信只要找到这个正确答案就能得到他人的认可。一旦养成这种忽略思考过程，认为只要找到答案就万事大吉的习惯，当遇到无法轻易找出答案的问题时，就很容易半途而废，陷入固定观念的束缚之中。

当然，有知识肯定比没知识好，读书肯定比不读书好。通过了解更多的知识而挣脱固定观念束缚的例子也是数不胜数。但我在这里想要强调的是如何将知识与思考联系起来的问题，而不是通过获取知识就能简单解决的问题。将上述内容整理后，重点内容如下：

重点内容

1. 所谓多元思考，就是摆脱常识和固定观念的束缚，对具体问题进行具体分析的思考方法。

2. 要想不被"常识"束缚，就必须从固定观念中挣脱出来，用相对的视角来看待问题。

3. 拥有丰富的知识固然重要，但如果总想着寻找"正确答案"，就很难进行多元思考。

在美国大学的苦恼

书本里存在着大量的"知识"。读书越多的人，拥有的知识越多，知道的事情也就越多。因为他们拥有丰富的知识积累，所以总能想出好的创意。大概很多人都这样认为吧。但事实上，阅读、积累知识和用自己的大脑进行思考之间究竟存在怎样的关系呢？找出更多的"正确答案"就是思考吗？

1984年9月，我在芝加哥郊外毗邻密歇根湖的埃文斯顿开始了美国的留学生活，就读的是西北大学的社会学专业研究生。从入学开始到取得学位的两年间，我每天都在大量的阅读中度过。在美国大学就读的学生都要接受紧张学习生活的洗礼，我当然也不例外。

每次上课之前，学生都必须读完相关的参考文献作为预习。每周大约要读500页左右。第一年的时候，这么庞大的阅读量差点要了我的命。但为了取得学位，我必须坚持将参考文献全部读完。

　　如果成绩不好的话，就拿不到奖学金，对于依靠奖学金来维持留学生活的我来说，必须阅读大量书籍和论文来保证成绩。那个时候我努力学习就相当于是在给自己赚取生活费，完全是"为了生存"而读书。

　　既然我这么努力学习，肯定应该掌握了很多的"知识"吧，但坦白地说，现在我已经不记得当时都读过什么。我那时候读过的书，现在都收藏在我研究室的书架上。读过的论文都留了复印件，摞起来的话也相当高。但我究竟读了什么参考资料，其中都写了什么知识，我现在已经很难回忆起详细的内容。

　　有时我会将书架上的书再拿下来翻阅一番，发现书页上到处都是下划线和备注。从笔迹上来看，应该是我写的无疑。但我却一时间想不起来这本书都讲了些什么。虽然我读了那么多的书籍和论文，但大脑却没有将相关的知识保存下来。

　　当然，记忆力更好的人或许能够记住其中的内容。但我当时那么用功地阅读，却似乎并没有掌握那些书籍和论文中记录的知识。

　　这些书我都白读了吗？我没有从中得到任何收获吗？并非如此。因为我虽然没有掌握知识，但我得到了另外的收获。

　　那就是思考力——或者说是许多种不同的思考模式。准确地、批判地获取信息的能力；找出问题的能力；从简单的疑问开始，将其变成明确的问题表现出来的能力；提出问题以及展开问题的能力；逻辑思考的能力；找出隐藏在表象背后的真正问题的能力——上述内容我都将在后文中为大家进行详细的介绍。在阅读大量他人的研究成果，并将其应用于自己研究的过程中，我掌握了这些多元思考的关键，以及不同的模式。

当时记住的那些知识点，我现在早已忘得一干二净。但通过与大量的书籍和论文对战而掌握的思考方法，却一直留在我的脑海之中。而且我还知道针对不同的问题，应该采用哪种思考方法最为合适。也就是说，我知道应该如何将知识利用起来，用自己的大脑进行思考。

通往多元思考之路

那么，要想掌握多元思考法，就必须像研究者那样阅读大量的文献和资料才行吗？我认为并不需要。

当然，阅读很重要。获取知识也很重要。帮助我们理解必要知识的基础能力同样重要。但无论拥有多么丰富的知识，如果不知道怎样将这些知识与思考结合起来的话，一切都等于零。

令人遗憾的是，在日本的学校根本学不到这最关键的部分。我见过许多学生，虽然拥有丰富的知识，却无法将其利用在自主思考上。最近的学生甚至连知识储备都不那么丰富了。结果就是学生们一直到走出校园为止，都没有掌握将知识与思考相结合的方法。

因为传统的教育并没有教给学生掌握多元思考的具体方法，所以学生们只能凭借各自的经验"自学成才"。现在小学已经开始尝试对学生进行"体验教育"，但在大学教育阶段，似乎还没有与最关键的思考能力相应的教育。因此，学生们进入大学之后仍然需要"八仙过海，各显神通"，自己想办法掌握"理性多元思考法"。

学生们要想掌握用自己的大脑进行思考的能力，具体应该怎么做才好呢？为了找出这个问题的答案，我利用在大学教学的机会开展了一次教育实践。具体来说就是针对每个学生的情况，为他们提供相应的帮助，让他们都能够掌握多元思考的方法。

本书的目标，就是根据我的教育实践的经验，将掌握多元思考的方法尽可能以更通用的方式用文字表现出来。在对学生们进行指导时，我会根据当时的具体情况，想办法引导他们转变思想，或者帮助他们发现没有注意到的问题点。前文中介绍过的"课堂上的陷阱"就是其中一例。如何将这种随机应变的课堂指导转变为文字，对我来说是一个既困难又充满挑战性的课题。

关于如何获取知识和信息的书籍比比皆是，关于学习方法的解说书随处可见，也出版了很多关于创意方法的技术书。但如何自己提出问题、展开问题，并发现隐藏在表面之下的新问题，以及如何才能不被固定观念束缚，提高"用自己的大脑思考"的能力，似乎市面上没有针对这种多元思考方法进行通俗易懂的解说的书籍。与"知识"相关的书籍有很多，但能够解决本章开头提出的读者最想解决的问题的书籍却很少。本书为了填补这一项空白，将通过尽可能具体的说明，为大家打开通向理性多元思考法的道路。

在本章的最后，我来为大家简单地介绍一下本书的结构：

在第一章中，我将通过书的阅读方法，为大家解说培养自主思考基础能力的方法。什么是批判性阅读？如何通过批判性阅读来创造出自主思考的视角？我将以"阅读"为切入点，具体介绍相应的方法。

在第二章中，我将通过文章的写作方法，为大家介绍如何将自己的想法有逻辑地表现出来，以及逻辑展开的基本方法。此外，我还将为大家说明如何通过针对性的写作练习来掌握建立不同视角的方法。第一章和第二章，可以说是为了掌握多元思考而进行的基础练习部分。

在第三章中，我将教会大家提出问题和展开问题的方法。从这里开始，就进入了多元思考的实践部分。怎样才能提出与自己的思考有关的准确的问题？怎样展开问题才能发现隐藏在表面之下的新问题？什么是问题的一般化与具体化？如何利用概念化方法，从个别的案例中引发出通用的思考？只要掌握了这些提出和展开问题的方法，我们就能知道如何摆脱固定观念的束缚，拥有自己的视角，从而迈出多元思考实践的第一步。

在最后的第四章中，我将说明多元思考最核心的部分。掌握事物多元性的方法，找出容易被忽视的悖论的方法，将目光放在问题"后续发展"上的方法——针对掌握这些多元化视角的具体方法进行解说，为大家揭示理性的多元思考方法的本质。

那么，前言到此为止。

接下来，就请大家和我一起开始这次"理性多元思考法的特别之旅"吧。

揭开历史的面纱

——常识的谎言之"夫妻不同姓"问题

在日本，夫妻不同姓的问题开始逐渐得到人们的关注。每当有关于提高女性社会地位的争论，这个问题就经常被一同提及。对于绝大多数的日本人来说，结婚后妻子随丈夫的姓氏似乎是自古以来的习惯，已经成为社会的常识。但实际上，这个习惯在日本的历史并没有人们以为的那么悠久。

日本在武家社会时期，一直都是夫妻不同姓的。直到明治三十一年（1898）的民法实行之后，女性才在婚后改为丈夫的姓氏（箕浦康子《大学能够成为新文化的传播基地吗》《东京大学内刊》第1057期）。由此可见，当揭开历史的面纱之后，我们会发现意料之外的真相。

此外，韩国女性即便在结婚之后也不会改变姓氏。但这并不是因为韩国女性拥有与男性平等的地位，而是因为韩国人更重视家族之间的关系。而且韩国由于深受儒家思想的影响，大男子主义的倾向比日本更甚。也就是说，夫妻是否同姓，与女性的地位之间并没有直接的关系。

这种通过纵向（历史）与横向（其他国家）的对比获得的知识，可以帮助我们看穿常识的谎言，成为挣脱固定观念束缚的强力武器。但关键不在于拥有多少这样的知识，而是在于必要的时候是否能够获得这些知识。这就需要我们拥有不被固定观念束缚的视角，时刻对常识保持怀疑的态度，才能够在必要的时候获得所需的知识。

第一章

通过创造性的阅读提升思考能力

1 作者的立场、读者的立场

步骤1 阅读的作用

"现在的年轻人都不怎么读书了"，我们经常能听到类似这样的感叹。确实，与看电视和看漫画的时间相比，现在的年轻人读书的时间要少得多，甚至连"现在的年轻人都不怎么读书了"这句话本身都变成了老生常谈的"常识"。但请不要急着点头，我们先来思考一下。

为什么大人们对年轻人不读书这件事感到遗憾？这种想法本身应该有一个"前提"，那就是如果不读书的话，就会错失某些重要的东西。"不读书有什么坏处？""会失去什么？"那么你是在搞清楚这些问题的答案之后，才对这种老生常谈的声音表示理解吗？还是根本没考虑那么多，直接就点头认可了呢？如果想养成自主思考的习惯，就不能对这些所谓的"常识"简单地点头认可。

"如果不读书的话会错失什么？"将这个问题再稍微展开一点，可以思考"通过读书能够得到什么"和"什么东西只有通过读书才能得到"。如果没有什么东西非得读书才能得到，那不读书这种行为就不应该遭到批判。如果是你的话，会给出怎样的回答呢？

以下是我的回答。假设通过读书能够得到知识、信息、教养、快乐、兴奋、感动，等等。接下来从中找出"只有通过读书才能得到的东西"，会剩下什么呢？如今随着电子媒体的普及，即便没有书籍，也一样可以获得绝大多数的知识和信息。而且与读书相比，电子媒体的效率甚至更高。

至于快乐、兴奋、感动，也因为影像和声音媒体的发展而更容易获得。同样，大屏幕上的画面和立体声音响带来的兴奋及感动可能远超读书的效果。

那么"教养"呢？确实，无论是通过电视还是电脑，或者通过演讲会和大学课程，都能够获得"知识"。如果将"教养"单纯地看作知识，就算不读书也一样能够获得"教养"。

既然如此，有什么是只有通过读书才能得到的呢？我认为应该是在获得知识的过程中深入思考的"机会"，或者说，是为了培养思考能力而与信息和知识打交道的"时间"。

与其他媒体不同，书这类纸媒体可以让读者根据自己的实际情况来决定接收信息的节奏。比如，正在阅读这本书的你，如果觉得从头开始按顺序阅读太麻烦，可以挑选自己感兴趣的部分阅读，也可能大致地浏览一遍之后认为没什么意思，就将这本书扔到一边（但还是请大家坚持读完）。或者可以将读过的部分再读一遍，一边揣摩作者的用意，一边猜测接下来会是什么样的内容。也就是说，与其他媒体相比，读书可以更自由地安排时间。

这样一来，我们在读书的时候就有更加充分的时间来进行思考。比如遇到一段非常意味深长的句子，如果是在普通的对话交流中，可能会因为没有太多的时间思考而不由自主地认为"确实如此"。但在读书的时候，则有充分的时间去仔细地品味。要想掌握不会轻易接受"常识"的多元思考，阅读可以说是最好的训练方法。

那么，要想掌握多元思考法具体应该怎么做才好呢？接下来我就将对提升思考能力的阅读方法进行说明。

步骤2　站在与作者对等的立场上

你在阅读的时候，与作者之间是什么样的关系呢？或许有人会回答"从来没有考虑过这种事"。但实际上，读者和作者之间可能存在许多种关系，比如喜欢、讨厌、尊敬，等等。但要想通过阅读来锻炼自主思考的能力，最重要的一点就是站在与作者对等的立场上。

话虽如此，可能仍然有很多人不知道具体应该怎样做才能"站在与作者对等的立场上"。接下来我们做个试验，看看是否能够从中得到一些提示。

首先，请你回忆一下到目前为止的人生中，自己在最关键的时刻做出的决定。比如选择报考哪所学校，选择入职哪个公司，或者决定结婚……

然后请你以《我的决定》为题，写一篇400字左右的作文。来吧，请拿起纸和笔，现在就开始写。

写好了吗？接下来，请你读一下自己刚写好的这篇文章。

应该写什么内容？按照什么顺序来写？详细到什么程度？你在写的时候肯定会考虑很多东西吧。你都想到了哪些备选的场面？最终选择了哪一个场面？选择这个场面的理由是什么？

确定选择的场面之后，还要思考应该添加哪些内容，你可能会一边回忆当时的情景，一边思考如何将它们组合成一篇文章，在写作的过程中可能又想到了有意思的回忆，然后将其添加进去。或者因为篇幅所限，不得不将一些内容精简或者删除。

你可能考虑到这篇文章会被别人看到，而尽可能地堆砌华丽的辞藻。或者为了不让某件事情被别人知道而故意将其一笔带过，甚至干脆只字不提。每个人在写文章的时候，可能都会像上面这样考虑很多吧。

如果是我的话，会怎么写呢？下面这篇作文就是我写的《我的决定》（现在读来有点让人不好意思）。

例文　　**我的决定**

是应该留在日本工作，还是出国留学？我到目前为止做出的最重要的决定，就是出国留学。

在日本大学院[①]的学习生活接近尾声的时候，我产生出想去跟美国的某位教授继续深造的想法。如果我继续留在日

---

① 　日本的教育体制中，大学院是继大学本科教育之后更高层次的高等教育机构，相当于中国的研究生院。——编者注

本，可能会成为某所大学的讲师。是选择稳定的生活，还是去未知的新天地放手一搏？

当时我已经结婚，家里的生活全靠我在预备校做兼职讲师的收入和妻子做结城绸的收入勉强支撑。等我从大学院毕业后，我很有可能会进入某所大学领取稳定的薪水。如果选择留学，我则还要继续学生的身份。而且留学的话，也不知道是否会一切顺利。

最终，让我决定冒险选择留学的是妻子的一句话："留学挺有意思的，你去试试吧。"她充满乐观精神的这句话坚定了我的决心，也成为我后来人生的重大转折点。

我之所以把这篇"作文"拿出来献丑，是为了让大家和自己写的作文做一下比较。

我在写这篇作文之前，也犹豫过是应该写这件事，还是写我在留学快结束的时候决定留在美国抑或回到日本的事。

用笔写的文章，全部的写作过程都会被保留在纸上，但印刷出来的文章则完全看不到写作的过程。

我这篇蹩脚的"作文"，也因为考虑到会被公之于众，所以在写作的过程中有几处删减。特别是与妻子之间的对话部分，因为涉及个人的隐私，我几乎修改了一多半。最初的原稿和修改的内容如下：

例文　**我的决定**

是应该留在日本工作，还是出国留学？我到目前为止做出的最重要的决定，就是出国留学。

（完成东大大学院第二年的博士课程之后）在日本大学院的学习生活接近尾声的时候，我产生出想去跟美国的某位教授继续深造的想法。如果我继续留在日本，（再过一两年）可能会成为某所大学的（助教或）讲师。<是选择稳定的生活，还是去未知的新天地放手一搏？>

当时我已经结婚，家里的生活全靠我在预备校做兼职讲师的收入和妻子<做结城绸>的收入勉强支撑。等我从大学院毕业后，我很有可能会进入某所大学领取稳定的薪水。如果选择留学，我则还要继续（贫穷且不稳定的）学生的身份。而且留学的话，（不知道是否能跟得上美国大学的课程）也不知道是否会一切顺利。

最终，让我决定冒险选择留学的是妻子（无意间）的一句话："留学挺有意思的，（要不试试）你去试试吧。"她<充满乐观精神>的这句话坚定了我的决心，也成为我后来人生的重大转折点。

其中圆括号里是我最初写的内容。这部分有的被删除了，有

的被替换成带下划线的内容，而尖括号中是后来补充的内容。通过这两份作文的对比可以看出，我在写这篇作文的时候和大家写作文的时候一样，也对文章进行了许多的修改和删减。

但当我写的作文成为这本书的一部分之后，修改和删减的过程就看不见了。读者在阅读书籍的时候，只能看到最终的"完成品"。毕竟摆在书店里销售的书属于商品，所以写在上面的都是"不会再有更改"的内容。

然而，就像你和我写的作文那样，任何一本书在写作的过程中都会有各种各样的修改和删减。也就是说，即便是印刷出来的文章，在其被印刷出来之前，也拥有许多成为其他文章的可能性，经过重重选择和取舍，最终才变成我们看到的这个样子。

除非是绝世的天才作家，否则在写文章的过程中，肯定会一边思考一边修改和删减。然后根据各种各样的前提条件，选出最合适的内容印刷出来，最终成为我们在书店中看到的书籍。

理解了这一点，我们就能在阅读别人文章的时候，从"完成品"的框架中跳脱出来。知道书籍中的每一个字每一句话，都是在无数种可能性之中精挑细选出来的最终选择。这样的阅读，就好像是自己在写作一样。

所谓与作者站在对等的立场上，指的就是读者像这样确认作者的选择过程。

读者不再是被动地接受作者所写的内容，而是在知道这本书"可能成为其他文章"的前提下进行阅读。也就是说，读者一边思考"如果是我的话，可能会这样写"或者"作者为什么要这样写"，一边阅读。

　　无论多么伟大的作者都是人。是人就难免会犯错，可能会在不经意间写出逻辑不连贯的文章，也可能搞错根据或数据。即便是印刷好的书籍，里面也可能有不准确的数据、不符合逻辑的推理。

　　如果能像这样对印刷好的书籍进行认真的审视，那么阅读这种行为本身就拥有了不同的意义。我们能够不再简单地接受书中的内容，一边阅读一边思考接下来作者可能会写什么内容，根据自己的节奏来获取信息。这是其他媒体完全做不到的，只有阅读才能带给我们的东西。

　　建立起与作者对等的关系，是养成多元思考习惯的基础。因为站在与作者对等的立场上，我们就不会轻易地接受作者发出的信息，而是先自主思考。

　　在阅读时保持批判的态度，对一切保持怀疑、不轻易地接受、不被"常识"束缚，这样就能培养出自主思考的态度。

　　关于具体的做法，我将在本章中为大家说明。

专栏

与作者站在对等立场上的阅读技巧

要想在阅读的时候站在与作者对等的立场上，关键在于保持疑问。

大家可以试着在阅读一本书的时候在适当的位置写上如下备注：

- 原来如此。

- 这地方写得很好。

- 无法接受。

- 感觉有点牵强。

- 同意这部分观点。

- 反对这部分观点，我有不同的想法。

- 作者的意见不明确。

- 我知道相似的例子。

- 如果是发生在自己身边的话，会怎么样呢？（写下想到的事例）

- 有没有例外？

- 有没有漏掉的事实和例子？

- 想将这部分内容与他人分享。

- 多引用一些这样的资料就能增加说服力。

- 为什么作者要这样说？

- 我不会用这样的表现手法。（将自己的表现手法写出来）

- 这部分的内容太晦涩难懂了。

2 从接受知识到创造知识

步骤1 批判性阅读

我从在日本的大学院念书的时候开始，就将少得可怜的零花钱大部分都花在买书上。只要在丸善和纪伊国屋书店看到与我的研究课题相关的外文书，我就会毫不犹豫地买下来。虽然我当时的生活全靠奖学金、打工赚的钱以及妻子的收入来维持，但我仍然认为要想获得最新的信息，就必须多买书，多阅读。

当时英国正好兴起一股教育社会学研究的新潮流。我认为学习外国的新知识对自己的研究有巨大帮助，所以只要是相关的书籍，都不分青红皂白地全都买下来。结果，我买书的速度远远超过我阅读的速度……于是很多书都处于"堆积"的状态。即便如此，迷信外国知识权威的我仍然用微薄的收入不停地购买外文书。因为我坚信，只有第一时间接触到流行的思想，才能取得令世人关注的研究成果——那时候的我，就是这样一个以接受知识为主的研究者。

当我以这样的态度阅读书籍的时候，我觉得这些作者都是走在潮流最前端进行重要研究的"伟人"。但当我也成为一名优秀的研究者，不再以接受知识为主，而是能够主动地创造知识时，我有机会与这些书籍的作者进行面对面的交流，发现他们事实上并不像我年轻时以为的那样"伟大"。不过，在我追逐流行知识的时期，我总感觉这些书籍的作者比自己要强好几倍。

我举这个例子是为了说明只以接受知识为目的的阅读，看似能够从中学到知识，但实际上对自主思考没有任何帮助。曾经有一段时期，日本非常流行以晦涩难懂的"现代思想"为主的"新学院派"。装模作样地说一段"法国的××和△△在其著作中针对×△曾经说过△×"之类的话，就会显得自己非常"有学问"。

阅读著名的思想家、学者和评论家的书，确实会有所收获。尤其是读完一本稍显高深的书之后，会让人感觉自己获得了不得了的知识，好像自己变得更聪明了。但实际上，这种状态仍然属于接受知识，并没有达到自主思考、创造知识的境界。

阅读古典和名著固然重要，因为这些书之中拥有能够锻炼我们思考能力的内容，但关键在于阅读的目的——是获得知识，还是培养自主思考的能力。要想从接受知识转变为创造知识，就必须掌握批判性阅读方法。

或许有人觉得，"批判性"阅读带有攻击性，从拿起书的那一刻起就以否定的态度来阅读。但实际上我所说的"批判"，并不是指攻击或否定，而是在阅读的过程中仔细地品味作者思考的过程。不能因为作者是著名的专家或者评论家，就对书中的内容不假思索地全盘接受，而是应该尽可能地思考作者逻辑发展的过程，以及是否存在其他的可能性。也就是说，站在对等的立场上，通过感受作者的思考轨迹来锻炼自己的思考能力。这就是批判性阅读方法。

（步骤2）养成不贸然接受的习惯

美国大学关于批判性阅读的书籍，列举出了许多批判性阅读的特征。我将这些特征重新整理为20个检查点。

批判性阅读的20个检查点：

1. 不能完全相信读到的内容。

2. 对看不懂的地方保持怀疑。就算道理上说得通，也要找出可疑的部分。

3. 如果感觉某部分内容可能有遗漏，就将这部分重新阅读一遍。

4. 对文章进行解释时要仔细参考文献。

5. 在对书做出评价之前，先仔细思考这本书属于什么种类。

6. 思考作者面向的是哪些读者群体。

7. 思考作者为什么要写这些内容，目的是什么。

8. 思考作者是否达到了自己的目的。

9. 搞清楚自己是被文章内容影响，还是被作者的写作风格影响。

10. 分析有争议的部分。

11. 搞清楚在有争议的情况下，反对意见是否被作者完全否定。

12. 找出是否存在缺乏事实依据的意见和主张。

13. 搞清楚作者的论点是以必然发生的事情（必然）为基础展开，还是以可能发生的事情（可能性）为基础展开。

14. 找出是否存在相互矛盾或前后不一致的内容。

15. 不能完全相信以不确定的理由为基础展开的讨论。

16. 搞清楚意见与事实的区别，主观记述与客观记述的区别。

17. 不要轻易相信书中引用的数据。

18. 尽可能地关注并理解书中的隐喻、术语、口语表现、流行语及俗语的用法。

19. 关注词语的言外之意，区分作者确实说过的内容和没有明确说明却给人留下某种印象的内容。

20. 搞清楚书中的内容是否存在隐藏的前提条件。

［根据安妮塔·E. 哈尼德克（Anita E.Harnadek）所著的《提升批判性阅读》（*Critical Reading Improvement*）第1~2页制作，1969年，麦格劳-希尔出版社］

接下来，我将从这20个检查点中整理出最为重要的几点，为大家更加详细地进行说明。

仔细认真地阅读

在进行批判性阅读的时候，最重要的一点是不能完全相信读到的内容（检查点1~4）。也就是说，在阅读的时候一定要做到仔细认真地读。

当遇到读不懂的内容时，必须对其保持怀疑。就算道理上说得通也不能轻易相信，而是要找出可疑的部分。理解不了文章的内容不见得是因为读者缺乏阅读理解能力，有时候也可能是因为作者写作方式有问题。也就是说，读者过于谦虚也是不行的。在阅读的过程中，要对照文章的主旨进行分析，结合文脉的发展理解文章内容。正如我在前文中说过的那样，作者也是人，在写作的过程中也可能会忽略某些事项，或是有逻辑不通顺的地方。因此，在阅读的时候要养成发现问题就重新阅读一遍的习惯，这一点非常重要。

把握作者的意图

第二个重点是理解作者的意图（检查点5~9）。作者写这篇文章一定有其目的。有时候作者会将目的明确地写在文章之中，有时候则不会。如果能够搞清楚作者的写作意图，不但更有助于我们理解文章的内容，也可以使我们更容易找到批判的重点。而且作者的意图和态度会通过写作时的风格表现出来，因此身为读者的我们就必须搞清楚自己除了文章内容之外，是否还被作者的写作风格影响。只要搞清楚这一点，就不会简单地被作者牵着鼻子走。

而且，作者在写作之前肯定也会预想文章的读者群体。通过搞清楚作者面向的读者群体，就可以避免出现不必要的误解。通过书的体裁，也能判断出这本书面向的是哪些读者群体。比如出版社是哪家，这家出版社属于比较灵活的还是比较刻板的风格。书籍中的插画多不多，是精装书还是平装书，这些都可以作为参考。根据上述信息来找出作者的创作意图，也是批判性阅读的关键之一。

紧跟逻辑

批判性阅读的第三个重点，是紧跟作者的逻辑（检查点10~18）。仔细观察作者的逻辑有没有出现跳跃，是否存在攻击性过强的见解和主张。在阅读的过程中紧跟作者的逻辑，可以说是批判性阅读的精髓所在。当文章中出现争议的时候，反对意见是否被作者完全否定；作者在批判时是否感情用事，是否完全不承认反对意见，还是做出了妥协与调整。在对具有攻击性的文章进行批判性阅读的时候，关注作者对反对意见的态度尤为重要。还有一点需要注意，那就是找出文章中是否存在缺乏事实依据的意见和主张，也是批判性阅读的关键。以可能发生的事情为基础展开的讨论和以必然发生的事情为基础展开的讨论，两者在可信度上有着天壤之别。

而且，无论看起来多么优秀的见解和主张，如果作为根据的事实是错误的，那就毫无意义。特别是当文章中出现统计和数据的时候更要注意，绝对不能轻易地相信这些数据。在阅读的过程中，还要时刻注意文章的内容是否存在相互矛盾或前后不一致的地方。

当作者提出某种主张时，肯定会同时给出证明这一主张正确的理由。但是，对以不确定的理由为基础展开的讨论不能全信。在这个时候一定注意不要被似是而非的理论和复杂的术语所欺骗。并且对于流行语也要多加小心，流行语往往属于一种固定观念。比如"全球化""IT 革命""结构改革""生存力"等，很容易束缚人的思想。

搞清楚作者的前提

批判性阅读的第四个重点，就是找出作者的前提，然后带着怀疑的态度对其进行分析（检查点 19~20）。找出作者无意识地隐藏在文章中的前提，以及虽然没有明确说明但已经传达出来的信息。区分作者确实说过的内容和没有明确说明却给人留下某种印象的内容非常重要。作者是表明自己的意见还是仅仅陈述事实，是主观地进行记述还是站在客观的立场上记述，这些都是帮助我们了解作者"前提"的重要线索。

看完上述内容之后，你认为自己掌握了批判性阅读的方法吗？在平时的阅读中，你是属于"不假思索一口气读完"的类型，还是属于"边思考边阅读"的类型呢？

在本章的后半段，我将对"紧跟作者逻辑"的具体方法为大家做更加详细的说明。

而第四个重点"找出作者的前提并保持怀疑的态度"是多元思考最重要的部分，我将在后文专门做详细说明。

（步骤3）　批判性阅读的实践法

接下来，我们对自己的批判性阅读能力做一个简单的测试。请参考前文中介绍的检查点，阅读下面这篇文章。

例文　**连幼儿都超过40%**

补习班、家教、远程教育/三和银行调查

　　三和银行于16日发表了"儿童教育相关调查"（1995年）。调查数据显示，如今接受补习班、家教、远程教育等校外教育的学生比例，中学生约为70%，小学高年级约为60%。每年花在补习班上的费用，中学生约为36.8万日元，小学高年级约为32.7万日元。从近几年的发展趋势来看，接受校外教育的幼儿数量显著增加，1995年已经超过40%，可见"应试热潮"并没有受经济不景气的影响。

　　接受校外教育的学生比例以中学生最高，为70.6%；其次是小学高年级，为59.5%；再次是小学低年级，为46.7%；接着是幼儿，为43.0%；高中生以40.7%排在最后。幼儿的数据在1990年还只有21.5%；这5年间整整翻了1倍。

　　从校外教育的内容来看，中学生和小学高年级选择补习班的人最多。中学生为57.3%，平均每年花费36.8万日元；小学高年级为39.5%，平均每年花费32.7万日元。

另外，小学低年级和幼儿选择远程教育的较多。小学低年级为29.4%，平均每年花费3.7万日元；幼儿为28.9%，平均每年花费2.1万日元。本次调查时间在今年1月，调查方式是在三和银行的营业点发放问卷，共收集到735份回答。

校外教育实际情况调查

	补习班	家教	远程教育
幼儿 （43.0%）	14.1% 18.4万日元	0.0%	28.9% 2.1万日元
小学低年级 （46.7%）	18.6% 11.5万日元	0.7%	29.4% 3.7万日元
小学高年级 （59.5%）	39.5% 32.7万日元	2.7%	21.6% 5.5万日元
中学生 （70.6%）	57.3% 36.8万日元	8.1% 36.5万日元	15.3% 8.3万日元
高中生 （40.7%）	29.7% 39.7万日元	4.7% 42.2万日元	11.9% 10.2万日元

三和银行的调查结果中，上方百分比为接受校外教育的孩子比例，下方是每年费用的平均值。括号内表示的是接受校外教育的孩子的比例，但因为存在同时接受多种校外教育的孩子，因此与补习班、家教、远程教育的合计值可能有所出入。

（《读卖新闻》1996年4月17日朝刊）

检查点 1　文章的意图

首先，我们来思考一下作者写这篇文章的目的、意图（检查点7）。这篇文章乍一看就是对某银行的调查结果做的总结报告。但作者的意图只是介绍这一事实吗？从这篇文章的标题《连幼儿都超过40%》以及第一段的最后一句话"从近几年的发展趋势来看，接受校外教育的幼儿数量显著增加，1995年已经超过40%，可见'应试热潮'并没有受经济不景气的影响"中，不难发现作者的隐藏意图。也就是说，作者希望通过超过四成的幼儿都接受校外教育这一事实，强调"应试热潮"丝毫不减以及应试教育的低龄化问题。

检查点 2　写作风格的影响

你在看完这篇文章之后，是否产生出"原来现在有这么多幼儿都开始上补习班了"的印象？如果答案是肯定的，说明你并没有根据整篇文章的内容做出判断，而是受到了文章标题和作者写作风格（刻意强调的内容）的影响（检查点9）。因为从文章最后的表格来看，幼儿选择补习班和家教的家庭并不多，大多选择的是价格比较低廉的远程教育。但文章标题和写作风格给人留下的印象却是连幼儿也开始被卷入补习班和家教的应试教育产业。

检查点 3　言外之意的影响

我们再来看看言外之意的影响（检查点19）。请注意标题《连幼儿都超过40%》中"连"这个字。这种语言表现方法，隐含着一种对应试教育低龄化的批判，可能会使读者也产生出"竟然连幼儿都……"的共鸣。

检查点4　数据的可信性

仔细读完这篇文章之后，你认为这篇文章中引用的数据具有多高的可信度呢？判断的关键在于对文章最后"本次调查时间在今年1月，调查方式是在三和银行的营业点发放问卷，共收集到735份回答"这句话的理解程度。确实，根据问卷调查的结果来看，有四成以上的幼儿都接受了课外教育。但问题在于这个数字是怎么来的。

从文章最后的部分来看，问卷调查的对象是这家银行的客户。因为没有说明进行问卷调查的地点，所以无法知道这些客户究竟是来自乡村还是城市。这些问卷被摆在银行的营业厅中，有一些顾客特意填写了问卷，银行根据这部分问卷得出"连幼儿都超过40%"这一结果。如果营业厅的周围刚好居住的都是对教育比较关注的客户，那么这些人填写的问卷就具有一定的倾向性，并不能以偏概全地代表全日本的孩子。

而且，问卷的回答者只有735人，这也是判断数据可信性的一个重要依据。在文章中并没有提及在回答问卷的735人中，家里有幼儿的为多少人。

问卷调查的结果从幼儿园一直到高中生，可见回答问卷的客户家庭中孩子的年龄非常分散。735人不可能全都是幼儿的家长。

也就是说"连幼儿都超过40%"这一结果，分母的数字只是735人中的一部分。这样的数据显然不能说明普遍的情况。而根据这样的数据就写出《连幼儿都超过40%》的标题，说明作者并没有对数据进行仔细的分析。

检查点5　客观的记述与主观的记述

这篇文章乍看起来完全是对调查结果的介绍，属于"客观的记述"。你是怎么认为的呢？我们来看一下第一段最后的部分。

"从近几年的发展趋势来看，接受校外教育的幼儿数量显著增加，1995年已经超过40%，可见'应试热潮'并没有受经济不景气的影响"，其中"从近几年的发展趋势……"到"1995年已经超过40%"为止都是客观事实，但紧接着的"可见'应试热潮'并没有受经济不景气的影响"显然是作者根据调查结果做出的主观判断，也就是说，这部分属于主观记述。在这种情况下，主观记述部分逻辑的正确程度，就是这篇文章的关键所在。

检查点6　隐藏的前提

这篇文章的作者，究竟有什么隐藏的前提呢？（检查点20）要想搞清楚这一点，只要将关注的重点放在《连幼儿都超过40%》的标题和"应试热潮"那句话上即可。这种表现形式，隐含着对应试教育低龄化以及让孩子们参与校外教育的家长们的批判。通过介绍某银行的调查结果，敲响应试教育低龄化的警钟，就是作者隐藏的前提。

　　这个前提可以说是动机不纯。因为对读者来说，批判应试教育也是"常识"。认为应试教育不好的作者，向同样认为应试教育不好的读者传达这样的信息，只会使读者产生出"竟然连这么小的孩子都被应试教育毒害了"的印象，从而加强批判应试教育的固定观念。

　　但正如我们在前面几个检查点中发现的那样，作为批判根据的调查结果的可信度十分值得商榷。即便如此，由于读者被"应试教育不好"的固定观念所束缚，所以这篇文章的作用就是让这种常识变得更加根深蒂固。

　　如果从银行在营业厅（也就是以客户为对象）进行这项调查的目的和动机的角度去考虑的话，就更能看出以这样的调查结果作为前提所存在的危险性。恐怕对银行来说，这项调查的目的是为了收集有利于推销教育贷款的信息。那么，这份调查问卷原本的目的就是了解客户愿意在教育上投入多少资金。

　　至于这些资金是花在补习班、家教还是远程教育上，只是对教育资金投入情况的一项附属分析罢了。也就是说，这项问卷调查的主要目的是把握客户家庭对教育经费的投入情况，而不是孩子的校外教育情况。

　　然而，这篇文章却罔顾调查问卷的事实，只选取能够吸引读者眼球的部分，强化了"应试教育不好"的固定观念。如果不能对这篇文章进行批判性阅读，而是对其中的内容信以为真，就会被固定观念束缚。

那么，怎样才能找出这些隐藏的前提，并且进行分析呢？我将在第四章中为大家说明具体的方法。本章主要是为了让大家了解批判性阅读的重要性，以及掌握批判性阅读的重点。

重点内容

1. 与作者站在对等的立场上阅读文章。不要认为印刷出来的内容就是万无一失的完成品。

2. 批判性阅读有 20 个检查点。

3. 其中最重要的检查点可以归纳为以下 4 个：

（1）不要轻易相信作者。

（2）把握作者的意图。

（3）紧跟作者的逻辑，对根据持怀疑态度。

（4）找出作者的前提并持怀疑态度。

步骤4　尝试批判性阅读

请利用下面的文章试着做一下批判性阅读的练习吧。横线上是对检查点的提示。请大家认真仔细地阅读并思考。

不要被数字欺骗

在我们接触到的信息中，经常会含有许多数字。很多作者喜欢先引用一段"根据××的调查"介绍各种各样的统计数据，然后以此为根据提出自己的见解和主张。因此，在阅读的时候注意文章中的数字，对现代人来说是非常重要的技能之一。

阅读统计资料的时候，需要注意其中数字的依据是否可靠。比如搞清楚调查对象是什么群体，以及是通过什么条件选择出来的，就可以避免对数据产生错误的理解。

在问卷调查中，经常会出现百分比的数字，所以搞清楚参与调查的对象总数尤为重要。如果问卷调查没有公布参与人数而只公布了调查结果的百分比数字，那就需要特别注意。

有一种让人不会对数字的根据产生怀疑的"魔法数字"。入学考试的偏差值就是最典型的例子。因为偏差值是以过去参与模拟考试的考生为基础计算出的数值，所以人们往往对这个数字深信不疑，从没想过去确认参与考试的考生人数。就算有的学校会公布考生人数，但也只是一个总数，而没有公布具体各个专业的人数。但最近入学考试的形式变得更加多样化，各专业的应试考生数量也逐年减少。也就是说，偏差值计算的分母数量在不断减少。分母的大小对偏差值的准确度有很大的影响。以1000人为分母计算出的偏差值和以30人为分母计算出的偏差值，哪一个更准确呢？即便如此，在大学的偏差值排行榜上却没有任何关于数字根据的记述。事实上，只要看清了隐藏在这些数字背后的真相，就会发现大学偏差值之间一两分的差距根本没有任何意义。

例文　**讨论点是什么？讨论的前提是什么？**

"偏差值只能用来检测记忆力、大脑的思考速度以及忍耐力这三种能力。但偏差值的竞争使学生的价值被统一化，除了上述三种能力之外的能力都无法得到评价。"（《数字的选拔使学校窒息》，《朝日新闻》1995 年 7 月 15 日朝刊）

解说

关于这篇例文，我将在第四章中进行详细的解说。请大家写完自己的观点后再阅读第四章。

例文　**阅读这篇写于 1966 年的文章，然后思考和现在的时代有什么偏差。什么前提发生了改变？哪些部分没有变化？**

日本与美国，哪一个生活压力更大？美国人的生活乍看起来非常轻松、富足、毫无压力，但实际在美国生活一段时间，对美国人的生活状态进行深入的了解之后，就会发现实际情况完全相反。美国人的生活压力其实要远远高于日本人。

首先，美国没有年功序列制。在美国的公司里，工资和地位并不会随着年龄的增长而得到提升。不仅如此，还随时都有被解雇的危险。如果公司认为员工的能力配不上他的工资，可以立刻让他离职。反之，如果员工认为自己配得上更高的工资或职位，也可以自由地选择跳槽。在美国，只要你有能力，就可以获得相应的回报和地位；但如果没有能力，那么随时都有可能从现在的位置上跌落下来。地位越高，这种情况就越明显。

（盛田昭夫《学历无用论》朝日文库版，60~61页，1987年。但这篇文章最早在1966年就由文艺春秋出版了单行本。）

解说

第一，对日本和美国进行比较时，比较的对象不同，意义也各不相同。这篇文章的比较对象究竟是高层管理者还是普通工人呢？如果比较对象是普通工人的话，那么这篇文章的内容就存在许多疑点。

第二，生活不只有工作，还有工作之余的闲暇。因此，除了对工作的压力进行比较之外，还应该考虑在日本和美国度过闲暇时间的差异。但作者却对这方面的内容只字未提，认识到这一点也有助于我们把握作者的前提。

第三，从泡沫崩溃后处于雇佣调整时代的现代来看，这篇文章后半段的记述多少有些显得落伍，这也是检查点之一。经过30多年的岁月，盛田氏当时的认知与日本现在的实际情况有多少偏差？又有哪些部分现在依然如故？考虑到上述问题，就能发现20世纪60年代的"常识"与现代"常识"之间的差异。

专栏

利用阅读提升思考能力的4种方法

除了本章中介绍的内容之外，我再为大家介绍4种可以提升思考能力的阅读方法。

方法1　阅读辩论文

要想掌握批判性阅读的能力，阅读优秀的辩论文是非常有效的方法。围绕某热点事件，许多论客都会发表自己的观点。阅读发表在杂志和报纸上的辩论文章，可以提高自己的批判性阅读能力。这种方法最大的优势在于能够通过实例学习优秀论客的批判方法。

方法2　预判式阅读

这是一种通过预判文章未来发展方向来提升思考能力的阅读方法。当阅读告一段落的时候，根据目前掌握的信息，预测作者接下来将展开怎样的讨论。同时根据作者给出的讨论材料展开自己的讨论。然后接着往下阅读，确认作者都写了什么内容。这样可以将自己展开的讨论与作者展开的讨论进行对比，检查结论是否一致。

还可以在作者提出问题的时候停止阅读，预测作者将会如何对问题进行验证：作者拥有哪些证据，会选择哪些资料。然后站在自己的立场上思考应该如何对问题进行验证。在实践这种方法时，大家可以阅读报纸的社论或者《日本的论点》（文艺春秋）的论文。后者因为各位作者的立场都比较鲜明，所以预测起来应该相对容易一些。

方法3　利用以前的文章

以前出版的热门书籍或者10年之前的新闻报道，都可以作为提升思考能力的阅读材料。当然，现在我们已经知道时代的变化，所以能够站在有利的立场上思考文章在当时存在哪些制约，以及有哪些现在看来令人在意的问题，同时还可以站在后世的立场上分析时代制约的问题。

比如前面的例文2就是30多年以前写的文章。在雇佣调整之风盛行的当今时代看来，存在哪些时代的制约呢？同样，大家还可以阅读一下泡沫经济时期的新闻报道。或者再增加一点难度，挑战一下《世界主要论文选》（岩波书店，1995年）之类的经典论文。

方法4　写书评

书评是对书籍进行批判与说明的文章，面向的目标群体是尚未读过这本书的读者，目的是引起读者的阅读兴趣。要想写出一篇好的书评，必须把握这本书的本质。因此，写书评是对提炼文章精髓并将其明确表现出来的一种练习。

同时，书评不能一味地称赞，还要准确地指出书中存在的问题。大家可以参考报纸上的书评，把给同一本书写一份书评作为练习。

第二章

提升思考能力的写作方法

1 有逻辑地写作

步骤1 从批判性阅读到批判性写作

我一直到几年前为止，都担任面向大学三年级学生的"教育社会学调查实习"学习小组的负责教师。这个学习小组的主要内容是让学生自己进行以教育为主题的问卷调查，并且分析调查数据，然后整理成报告。通过这项实习，学生们能够学到许多与数据调查相关的方法。比如，应该针对什么对象进行怎样的调查；应该注意哪些现象；针对现象的原因和结果应该建立怎样的假设；为了对假设进行验证，应该设置哪些问卷调查项目；如何判断回答是否符合预期；等等。

每年我都让学生们自己制订计划，选择主题和调查对象。学生们会将调查结果整理成一份报告，在5月的校园活动上发表。对学生们来说，这份报告是一年间学习成果的展示。对我来说，学生们的报告是我教学成果的最好证明。看着这些一年前还连什么是调查报告都不知道的学生，在校园活动上竟然能够拿出如此完整的报告，实在是令人非常惊讶。

　　5 月校园活动的时候，正好是下一年度大三学生开始学习调查基本知识的时期。也就是说，上一年度的成果发表与下一年度的入门课程刚好有一个交集。

　　于是，我会让下一年度的大三学生阅读前辈们发表的调查报告，并且要求他们"尽可能批判性地阅读"，然后在学习小组上分享读后感。

　　结果，后辈们给出的反馈都很严格。比如有一篇针对父母如何获得高中生子女尊敬的调查报告，作者在调查问卷上提出的问题是"父母是否给你买想要的东西""在家里的时候感觉是否舒适""父母给不给你零花钱"等，最终得出结论"父母给子女买的东西越多，子女在家里感觉越舒适，子女就越尊敬父母"，作者对此的解释是"父母要想获得子女的尊敬，只给零花钱是不够的，还要创造一个舒适的家庭环境，并且经常给子女买他们想要的东西"。

　　新大三学生对这篇报告的评价是"不知所云""牵强附会"。

　　其他的报告也同样得到了严厉的批评，比如"论题的出发点不够明确""乍看起来好像得出了正确的结论，但总感觉有问题"。在新大三学生分享读后感的时候，这些报告的作者就坐在下面。已经升到四年级的前辈们显然对后辈们的批评有点招架不住。

　　但问题的关键在于，这些批判究竟是单纯的批评还是具有建设性的意见。

　　像这样的批判几乎每年都会重复一次。每年都重复一次，也就意味着批判别人的学生，到了第二年又会被后辈们批判。也就是说，在三年级刚开始学习这门课程时，他们还能对别人写的内容毫不留情地进行批判，但轮到自己实际写报告的时候，却还是会犯同样的错误。

这一现象说明了一个问题。那就是当学生们处于批判的一方时，能够很容易地从前辈们写的报告中找出缺点并加以攻击。但当轮到自己做的时候，他们就失去了这种批判的能力。也就是说，三年级学生们的批判，并非站在自己也是作者的角度进行批判，而是单纯站在读者的角度进行批判。因此，从某种意义上来说，他们可以肆无忌惮地寻找对方的缺点，然后对其进行攻击。

因为我要求学生们"尽可能批判性地阅读"或者"给出批判性的意见"，所以学生们很容易误以为"批判"就是找出对方的缺点和不足。当学生们带着这样的态度去阅读报告时，只要发现一点点的问题，就会立刻觉得自己很了不起，为自己的发现欣喜若狂，然后从提出"不知所云""牵强附会"等严厉的批判中得到满足。

因此，每当看到这样的评价，我都会向学生们提出以下问题：

"如果你觉得他的逻辑跳跃，那么你认为应该怎样进行弥补？只批判而不想出替代方案是不够的。"

"你感觉这部分有问题，具体指的是什么问题？为什么与分析者给出的结果不一致？"

"如果你认为作者这部分的论证不够严谨，那么应该怎样论证才能使其更加严谨？"

如果只是找出问题点就停止思考了，相当于"批判性阅读"只进行了一半。要想锻炼自己的思考能力，必须在找出问题的基础上更进一步地"想出替代方案"。因此，我经常对学生们强调，"如果你们是作者的话，自己会怎样做，不要只是用脑袋想，请拿出纸和笔将想法写下来"。要想让思考更加严谨，写出自己的想法来是最基本的方法。

在第一章中，我在介绍批判性阅读的方法时提到，不要贸然相信作者所写的内容非常重要，并且说明了站在与作者对等的立场上紧跟作者逻辑进行思考的方法。

接下来，我将从批判性阅读的立场转移到接受批判性阅读的立场上进行说明。多元思考法的第二阶段，就是"批判性写作"。

步骤2　写作与思考

思考只有在以某种形式表现出来之后才有意义。比如在会议上经常有人双手交叉，闭着眼睛沉默不语。虽然一句话也没说，但总给人一种在深思熟虑的印象。确实，在信奉"沉默是金"的当今社会，与轻率地说出自己的意见相比，沉默反而显得更加高深莫测。然而，无论多么优秀的想法，如果只是停留在脑海里而不表达出来，那么这种想法和没有毫无二致。

事实上，表现这种行为本身，就是"思考"非常重要的组成部分。请大家回忆一下在第一章中写的那篇作文《我的决定》。在写那篇作文的时候，你的大脑是怎样运转的呢？是不是在思考

"接下来应该写这部分内容还是写那部分内容呢""这部分内容还是删除吧"，或者"用哪个词最合适""这地方用什么样的说法才好呢"？将自己的思考表达出来是提升思考能力的重要方式。

将思考表达出来，大致可以分为"说"和"写"两种方式。

"说"的方式，一般身边都有其他的听众，在这种情况下可以将自己想到的内容先说出来，然后再继续想，或者边说边想。

与之相对，"写"的方式基本上只有自己一个人，有充裕的时间，利用纸和笔或者电脑，将想到的内容转变为文字，或者一边思考一边写。能够将思考的内容转变为不会消失的文字保存下来，是"写"与"说"之间最大的区别。就像书籍这种印刷媒体可以让读者根据自己的节奏来边思考边阅读一样，"写"这种方式也和"说"不同，是一种可以根据自己的节奏来进行思考的表达方式。

不过，在将想法变为文字的时候，如果思路不够清晰，就无法变成文章。如果是"说"的方式，即便有些"模棱两可"的内容，对方或许也能够理解你想要表达的意思。但用"写"的方式，如果存在"模棱两可"的内容，就很有可能使读者看不懂或者产生误解。因为"写"不像"说"，可以通过肢体语言或表情来对你想要传达的信息进行补充说明，所以在"写"的时候要力求准确。从这个意义上来说，"写"这种行为本身也是对思考能力的一种锻炼。

步骤3　掌握接续词的作用

那么，怎样才能写出提升思考能力的文章呢？第一步，就是在写作的过程中要注意上下文之间的接续。

请大家阅读下面这篇文章。这是某学生关于取消入学考试偏差值的论文。

请根据这篇文章，思考怎样接续上下文才能写出条理清晰的文章，或者说，将自己的想法清楚准确地表达出来。

例文　讨论点是什么？讨论的前提是什么？

我发现在最近的新闻报道中，与偏差值教育有关的内容大多都是负面的批判（1）。其中许多观点我也表示赞同（2）。确实，我认为偏差值至上主义的教育彻底抹杀了学生们的个性，也伤害了学生们脆弱的心灵（3）。而且不仅中学和大学利用偏差值来区分学生，就连企业在招聘的时候也将偏差值作为一种选拔标准，这应该也是受教育环境中偏差值至上主义的影响（4）。明明大学的偏差值完全无法测量一个人对社会和工作的适应性，实际上看重学历的观念在整个社会都根深蒂固（5）。

因此，我认为"偏差值就是一切"的思考方法是错误的（6）。但关于是否应该彻底废除偏差值这个问题，我现在还没有定论（7）。

　　我认识一位中学教师，去年（作者注：大学考试取消偏差值考核的第一年）曾经对我说"考前指导的工作非常难做"（8）。从某种意义上来说，偏差值的存在使得教师可以更轻松地对学生们进行考前指导（9）。只是为了减轻教师的压力就可以导入偏差值吗？但教师的时间、精力和能力都是有限的（10）。只顾着对学生进行考前指导而忽视了生活指导也不行（11）。其实，将偏差值作为评价标准的一种来使用并不是坏事（12）。然而，要想将这种看法坚持下去却并不容易，所以对于是否应该废除偏差值，很难做出判断（13）。

（括号内的数字代表句子的编号）

　　大家看明白这个学生想要表达什么内容了吗？这篇文章的结论是什么？作者是根据怎样的逻辑顺序得出这个结论的？请大家利用在第一章中学到的批判性阅读法，对这篇文章进行一下解读吧。

　　这篇文章的作者想要表达的内容，集中在第二段"是否应该彻底废除偏差值这个问题，我现在还不能下结论"这一部分。他的结论就是"不知道彻底废除偏差值究竟是对还是错"。但问题在于他得出这一结论的过程。作者在这篇文章中反复提出了许多观点，除了第二段最后一句话之外，很难搞清楚作者想要表达的意思是什么。因此，这篇文章读起来显得缺乏连贯性。

当然，这也可能是因为作者本身"对这个问题没有明确的结论"，所以提出的观点也摇摆不定。但在这篇文章中，作者也没有明确说明"为什么难以做出判断"。

这篇文章最大的问题在于上下文的衔接缺乏逻辑性。大家只要仔细看句与句之间的接续词就会明白。请大家将关注的重点放在接续词上，再重新阅读一遍。

第1句，作者表明自己对新闻报道中偏差值教育相关内容的看法。正如"大多都是负面的批判"这句话所表示的那样，作者认为舆论对偏差值教育的关注点都集中在"不好的一面"上。

第3句，作者用了"确实"这个接续词，对新闻报道的内容做了一些总结，并加入自己的看法。"偏差值至上主义的教育彻底抹杀了学生们的个性""伤害了学生们脆弱的心灵"都是对"不好的一面"所做的补充。而且，作者也用"我认为"三个字表明了自己的态度。

但是，这部分的问题在于没有明确"偏差值至上主义的教育彻底抹杀了学生们的个性"和"伤害了学生们脆弱的心灵"，究竟是新闻报道的内容，还是作者的个人意见。尤其是"彻底抹杀"这种表现方法，让人很想知道有没有依据。将这种模棱两可的内容接在"确实"后面，更让读者难以判断这部分的内容究竟是作者根据新闻报道获得的知识还是自己的判断。

要想避免出现这种模棱两可的情况，可以用"根据某报纸（最好将报纸名称和文章标题也都明确地写出来）的记载"之类的接续词来证明这是从报纸上得到的知识。如果想表明是自己的意见，可以用"根据这些报道，我认为偏差值至上主义的教育彻底抹杀了学生们的个性，也伤害了学生们脆弱的心灵"来代替"确实"。这部分的关键在于利用主语"我"来明确做出判断的主体，并且说明做出判断的依据是"报道"即可。

第4句，"而且"用的不太合适。像这样利用其他事例做补充说明的情况，明确说明该事例属于其他情况更符合逻辑。比如"另一方面，不仅在学校……"，这样可以使读者更清楚论据已经转移到其他的问题上。

第5句，"明明大学的偏差值完全无法测量一个人对社会和工作的适应性，实际上看重学历的观念在整个社会都根深蒂固"应该是对第4句的补充说明。不过，这句话的前后逻辑却不是很明确。"明明……完全无法测量"和"看重学历的观念在整个社会都根深蒂固"之间存在怎样的联系呢？一般情况下，"明明……"这个接续词的后面应该紧接着相反的意思，比如"明明无法测量，结果却测量了"。

作者为了说明这一点，采用了"看重学历的观念在整个社会都根深蒂固"的表现方法。也就是说，这篇文章的逻辑线索是通过"看重学历"的关键词，创造出"整个社会都不看重适应性，而是根据偏差值来做决定"的隐含前提。

由此可见，作者在这部分隐含的意思是，看重学历的社会将"完全无法测量"的东西，利用偏差值强行地测量。但这样说的根据何在？对于这个问题作者却没有任何说明。也就是说，作者毫不怀疑地接受了"看重学历"的"常识"，并以此为基础写下了这篇文章。

接下来，我们看一看后半部分的问题。

第6句，"因此，我认为'偏差值就是一切'的思考方法是错误的"在新段落的开头，通过"因此"这个接续词与上一段落衔接。此处的"因此"起承上启下的作用，意思是"根据上述原因"引出自己的判断。但是，这部分的内容作为对原因的解释与说明不够明确。认为"偏差值就是一切"的思考方法是错误的根据何在？根据上一段所说的原因，应该彻底废除偏差值吗？还是应该部分保留？作者在没有说明清楚这些问题的情况下就直接说出了自己的结论。

同时，作者给"偏差值就是一切"加上了双引号，表示对第一段落内容的归纳与总结。读者在看到这部分内容之后，就会产生出"原来新闻报道的内容归纳起来说的是'偏差值就是一切'"的印象，继而认为"偏差值就是一切"这种观点是"错误"的。但这种归纳方法可能会使讨论变得过于简单。而导致出现这种情况的主要原因就是作者不合时宜地使用了"因此"这个接续词。

第7句，"但关于是否应该彻底废除偏差值这个问题，我现在还没有定论"迅速地展开了讨论。"但"是表示反义的接续词，意味着接下来的内容与前面的内容不一致。读者在看到这个"但"字的时候，恐怕会感到有些奇怪吧。因为作者在前文中用了"彻

底""完全"之类非常肯定的语气，给人留下一种对偏差值教育
坚决批判的印象。

　　当读者读到第8句的时候，就会更加感到困惑，不知道接下
来文章会如何发展。因为读者在读完第7句之后，以为接下来作
者会说明"为什么'我现在还没有定论'"的原因。但作者不但
没有做任何说明，反而将话题转移到认识的中学教师身上。要想
让文章的逻辑变得更加清晰，应该在第8句之前加一句"我之所
以这么说，是出于以下原因。比如……"，然后再举出"认识的
中学教师"的例子。

　　第9~11句都是从第8句开始做的展开。在第9句和第10句内
容的基础上，第11句指出废除偏差值之后出现的问题。但在第
11句之中，却没有"因此""综上所述"之类明确表示前后文衔
接关系的接续词。

　　第12句，"其实，将偏差值作为评价标准的一种来使用并不
是什么坏事"也让人难以理解。这句话可能是作者将第一段介绍
的内容和最后一段介绍的内容相结合之后得出的一个临时的结
论。在第一段中，作者提出"'偏差值就是一切'的思考方法是
错误的"，而在第8~11句中，作者又提出"不将偏差值作为唯一
标准，而是作为标准之一"。因此，作者应该加入一些明确表示
这句话与前文内容有所关联的表现方法。

　　最后的第13句，应该是表示最终结论的内容。但作者却用
了"然而"作为接续词，使得表现方式显得过于薄弱。此处的"然
而"，表示紧跟第12句之后的内容"虽然话是这么说，但实际上

却没那么顺利"。作者在第12句阐述的内容是"在某些情况下将偏差值作为评价的标准也不是一种坏事",第13句作者用"然而"开头表示对前文意思的否定。但由于第12句的内容与整篇文章的内容前后呼应,具有很强的联系,导致第13句的结论缺乏说服力。

此外,"要想将这种看法坚持下去却并不容易,所以……"中的"所以"也是让人难以理解的表现方式。"所以"表示这句话与前文之间存在因果关系。如果作者认为"将这种看法坚持下去非常困难",那么最终的结论就应该是彻底废除偏差值。但作者的结论却并非如此。原因在于,虽然"将这种看法坚持下去并不容易",但也并非完全没有可能。如果能够将这种看法坚持下去,那么偏差值也并非一无是处。也就是说,作者最终之所以"很难做出判断",是因为结论要取决于"是否能够将这种看法坚持下去"。但作者自己也没有明确地意识到判断的依据究竟是什么,所以最终的结论只能停留在模棱两可的阶段。

看完这篇例文之后,想必大家也已经认识到了句与句之间接续的重要性。如果将这篇文章的作者缺少的部分全都补充进去会怎样呢?下面这篇就是我重新修改之后的文章。请大家一边阅读一边思考这篇文章与前面那篇文章都有哪些不同(请大家尤其注意画线的部分)。

例文

彻底废除偏差值对学校和学生来说究竟是好事还是坏事？我认为这个问题没有明确的答案。<u>为什么这样说呢</u>？因为偏差值应该从<u>好与坏两方面</u>来看。接下来我将<u>分别从好与坏两方面</u>来进行说明。

<u>首先是偏差值"坏"的部分</u>。偏差值只不过是一种评价方法。<u>尽管如此</u>，用偏差值来决定一切的偏差值至上主义却在教育环境中根深蒂固。如果只看偏差值，很可能会抹杀学生的个性，还可能给正值敏感年纪的学生们心中留下伤痕。从对学生的影响<u>这一点</u>来看，过分重视偏差值是错误的。

<u>还有一个问题</u>，那就是偏差值被过度地用于评价个人的能力。偏差值只是对学习能力进行测定的一种指标，<u>但是</u>很多企业在招聘的时候也将偏差值作为选择标准。<u>尽管</u>偏差值完全无法用来测定一个人对社会和工作的适应性，大学的偏差值仍然会影响到求职。<u>在这些现象的背后</u>，或许隐藏着社会过度重视学历的问题。

虽然偏差值存在着<u>上述</u>问题，<u>但同时也拥有好的一面</u>。<u>据我认识的一位中学教师所说</u>，"自从入学考试取消偏差值以后，考前指导就非常难做"。<u>由此可见</u>，对教师来说，偏差值是进行考前指导时非常有用的信息来源。没有偏差值之后，教师只能去寻找其他的信息，无形中增加了工作负担。教师的工作不只有考前指导，还包括生活指导等许多工作。

如果取消偏差值，教师将会被迫牺牲其他工作的时间来进行考前指导，那么无论对学校还是学生来说都不是件好事。不仅如此，考虑到教师的时间、精力、能力都是有限的，偏差值作为对考前指导非常有用的信息，具有一定的积极作用。

综上所述，偏差值既有好的一面也有坏的一面。如果教师能够充分地认识到偏差值只是评价的一种方法，那么偏差值坏的一面就会消失。但是，关于教师是否能够充分地认识到偏差值只是评价的一种方法却是一个难解的课题。我不知道这个问题的答案。因此，我无法根据现状判断是否应该彻底废除偏差值。

关于我修改的这篇文章，需要提醒大家注意两点：

第一点，为了突出这篇文章的逻辑展开，我故意添加了许多接续词。也就是说，我为了更清楚地展现出句与句之间的联系，写得稍微有些繁复。在掌握了逻辑展开的方法之后，要想让文章变得更加简练，应该适当地删除一些接续词。这样文章读起来才更加容易。从这个意义上来说，这篇文章是还处于推敲过程中的半成品。

第二点，这篇文章是我在已经深入地思考过，并且知道结论的前提下，将逻辑以通俗易懂的形式所写的。也就是说，我非常清楚想要表达什么内容，对其重新进行逻辑的整理后，写出了这样一个示范性的例文。

　　就像第一章中《我的决定》那篇文章一样，我在写作过程中也进行了许多修改，并不是一开始就有如此清晰的逻辑。

　　在清楚上述两点之后，以这篇文章为例，明确逻辑的方法大致可以整理如下。

重点内容

1. **先说结论，然后解释理由（→ "彻底废除偏差值对学校和学生来说究竟是好事还是坏事？我认为这个问题没有明确的答案"）。**
   决定想要表达的内容之后，首先将结论说出来，我认为这样会使文章更加通俗易懂。当然，如果想写一篇具有冲击性的文章，可以根据实际情况将结论先隐藏起来，营造出人意料的效果。不过，要想使文章读起来合乎逻辑，还是应该先从结论开始，更有助于读者理解。

2. **存在多个理由的情况下，事先说明这一点。从不同侧面对理由进行解说时也应该事先说明（→ "接下来我将分别从好与坏两方面来进行说明"）。**
   这样做可以使读者事先对论点有一定的了解。同时，作者也可以事先确定自己要写几个论点。

3. 明确地表示出判断的依据（→"综上所述""据我认识的
   一位教师所说"）。

   所谓逻辑，就是指判断并非以自己的想法为依据，而是以
   确实存在的事实为依据。通过明确地表示出判断的依据，
   可以增加文章的说服力，使读者更加信服。

4. 根据目前掌握的信息，明确得出的究竟是准确的结论还是
   推测（→"或许隐藏着社会过度重视学历的问题"）。

   换句话说，在无法得出准确结论的情况下，应该坦白地将
   这一点表现出来。

5. 转移到其他论点的时候，要加入能够明确表示转移的接续
   词（→"还有一个问题"）。

   为了让读者更容易发现论点的转移，可以通过换一个段
   落、加入接续词等方法表现。同时，这样的表现方法也可
   以使作者本人意识到已经转移到另一个论点了。

6. 明确表示句与句之间的关系（请注意文章中画线的接
   续词）。

   有的时候如果省略掉接续词，文章的逻辑就会显得不够清
   晰。因此，选择合适的接续词非常重要。

专栏

独立研究的收获

在美国的大学中，有一种被称为"独立研究（Independent Study）"的制度。学生可以自己选择老师，然后与老师商量以怎样的形式学习，并接受老师一对一的指导。我在美国留学的时候，每周都会和指导教授R先生进行1小时的面谈。

在美国的大学院，要想获得写博士论文的资格，必须先提交名为"proposal"的预备论文。因此，我每次和R教授面谈的时候，都会请他帮我批改论文。

而R教授每次都会在我的论文上写下"不明确""没有论据""逻辑跳跃"之类的评语。其实我每次都很认真地写论文，尽量让逻辑不会出现跳跃。即便如此，每次我的论文还是会得到"不明确"的评语。

事后我自己又读了几遍，发现每当我自己觉得逻辑足够清晰的时候，就会急于得出结论。而每当我论文中出现这样的问题，就会受到教授严厉的批判。

直到现在，我仍然保留着写有严厉评语的论文原稿。因为正是R教授严格的指导，锻炼了我的逻辑思维能力，并使我掌握了提升论证严谨性的方法。

2　批判性写作

步骤 1　写驳论

在前文中，我为大家介绍了通过逻辑性写作提升逻辑思考能力的方法。这也可以说是多元思考法的基础训练。接下来我将为大家介绍的是通过写作提升不被"常识"束缚的多元思考能力的实践方法。

在"奥姆真理教"事件爆发时，日本出现过一个非常善于"辩论"的教团干部。从那以后，"辩论"这个词开始成为流行语。但世人对辩论的印象大多是"强词夺理""诡辩的技术""寻找借口的方法"或者"用语言对他人进行攻击"。事实上，这完全是对辩论的误解。

本来辩论指的是站在不同的立场上进行赞成或者反对的论述，也就是"虽然赞成这个意见，但站在反对的立场上思考"或者"虽然反对这个意见，但站在赞成的立场上讨论"。比如针对"中学生是否应该穿校服""结婚后男女是否应该同姓"等问题，站在赞成、反对或者双方的立场上来展开讨论。

这样的辩论方法可以为提升思考能力提供巨大的帮助。当然，通过掌握辩论的技巧，还可以避免被对方抓住自己逻辑上的漏洞，从而提高自己的思考能力。

辩论的好处不止于此。站在他人的立场上思考，还可以锻炼多元思考的能力。因为站在他人的立场上，可以看到在自己的立场上看不见的一面。

接下来，我将为大家介绍以辩论的技术为基础进行批判性写作的方法，也就是被称为"单人辩论"的方法。

步骤2 站在不同的立场上进行批判

正如我在第一章中说过的那样，我们在进行思考以及用文章将思考表达出来的时候，必然存在某种前提。比如在思考是否应该在某河流上修建水坝设施这个问题的时候，站在重视成本的角度进行思考和站在环境保护的立场上进行思考，两者逻辑展开的方式肯定截然不同。当然，作为出发点的前提可能存在很多个。但无论怎样，我们都要以某种前提为基础，然后才能开始进行思考和论述。

在开始写驳论之前，必须先搞清楚双方的立场存在哪些不同。如果觉得前提本身难以接受，可以试着从对方的前提中找出自己不赞同的地方。

明确立场上的差异之后，接下来就要思考对问题的看法存在哪些异同。比如，对方以什么前提作为出发点提出问题。在这个前提的束缚下有哪些问题是对方看不到的。然后通过揭示这一点，来提出与对方的前提不同的论点。

　　接下来，我们实际尝试一下"单人辩论"吧。请大家思考"存在多个立场，从不同立场进行批判"的文章应该怎样写。

　　首先，请阅读下面这篇文章。

例文

　　与充满活力的年轻女性相比，日本的年轻男性却显得很颓废，让人有些感叹。最近出现的新郎学校也成为社会的热门话题。

　　单从衣食住行的"食"上来看，女性不但懂得许多西餐的食用方法和礼仪，还积极地到著名的餐厅品尝，甚至不远万里前往欧洲享受美食之旅。而将精力全都投入到应试教育中的男性，在与这些"光彩夺目"的女性相亲时则显得唯唯诺诺、手足无措，甚至出现了一切都交给妈妈处理的"妈宝男"，从而遭到女性的鄙视。

　　然而，新郎学校的出现与其说是年轻男性的问题，不如说是社会的问题。因此，在评价现在的年轻人时，不能将男性和女性混为一谈，而是要分别站在不同的立场上来进行评判。

　　男性如果能够获得一次重生的机会，肯定希望自己变成女性吧。因为在当今的日本，男性在承担全部责任的同时似乎享受不到任何好处。

　　这大概与日本社会从产业型社会转变为消费型社会有很大的关系。当然，应试教育的竞争对男性心理造成的阴影也不容忽视。但最重要的原因，还是学校制度和教育目标正在从面向产业社会的人才培养转变为面向消费社会的人才教育。而在这个转变的过程中，教育的力度大不如前。

　　重视记忆的教育对产业型社会来说必不可少，但对消费型社会来说，创造性与随机应变的能力比记忆能力更加重要。不断重复"家庭、学校、补习班"模式的教育，无法提高创造性和随机应变的能力。因此，年轻男性在相亲的时候根本不知道应该去哪家餐厅，也不知道女性喜欢什么，要么像个没头苍蝇一样乱撞，要么像个闷葫芦一样沉默不语。这样的男性怎么可能得到女性的尊重和赏识呢？这不仅是男性和女性的问题，而且是非常严重的社会问题。我们必须认识到这一点。（千石保《"老实人"的崩溃》，SAIMARU 出版会，1991 年，1~2 页）

　　这篇文章节选自千石保先生《"老实人"的崩溃》一书。正如大家看到的那样，这篇文章对现在日本年轻男性颓废的状态表示感叹的同时，提出应该关注导致这一现象的社会问题。我们针对作者的这一主张，从多个不同的立场来试着对其做出批判。

　　我们需要搞清楚这篇文章的前提，也就是作者站在怎样的立场上提出这一观点。

　　第一，我们要关注的是作者本身。这位作者是男性，而且不是文中批判的年轻男性。由此可见，这位作者是站在老年男性的立场上对年轻男性进行批判。

　　第二，我们要关注作者的社会观。作者认为年轻男性之所以颓废，并不是年轻男性个人的问题，而是社会的问题。

　　千石先生认为，现代日本正处于从产业型社会向消费型社会转变的阶段。推行重视记忆教育的产业社会，是通过大批量生产赶超欧美，以企业员工为中心的社会。而消费社会则是更注重创造性和随机应变的能力，以个人为中心的社会。

　　第三，我们要关注作者指出年轻男性问题的依据是什么。当然，前文中引用的只是这本书的开头部分，更多的论据应该在后文中提到。

　　不过，仅从引用的这部分来看，年轻男性的颓废，从"新郎学校"的出现就可见一斑。而与同时代更具行动力的年轻女性相对比，年轻男性们的颓废看起来更加明显。

　　在明确了上述内容之后，接下来我们站在以下4个立场上试着对作者的观点进行反驳。这4个立场分别是：（1）年轻男性的立场；（2）女性的立场；（3）教育相关人士的立场；（4）老年男性企业经营者的立场。诸位读者，如果你们站在这些立场上，会如何进行反驳呢？请将你们的反驳写下来。因为只有实际进行书写，才能培养批判性思考的能力。

接下来，我将为大家提供一些站在不同立场上应该针对哪些内容进行反驳的提示。

（1） 站在年轻男性的立场上进行反驳

有一种方法是直接反驳。比如作者认为现在的日本年轻男性很"颓废"，但如果换一个角度来看的话，这可能是现代的日本年轻男性更加温柔、诚实、感性的表现。可以根据这一点对作者的观点进行直接反驳。

作者为什么会有这样的观点呢？因为在像作者这样的"大人"看来，"现在的日本年轻男性"的这种表现是违背"常识"的。因此，作者认为现在的日本年轻男性不如女性更有活力，在年轻女性面前"唯唯诺诺""遭到鄙视"是值得关注的问题。但这种所谓的"常识"，是他们那一代人的"常识"。

老一辈人的这种观念在现代的日本年轻人看来或许是大男子主义（以男性为中心）的封建观念。因此，反驳的出发点可以建立在"打破传统观念的束缚，关注现在年轻人之间关系的变化"之上。

（2） 站在女性的立场上进行反驳

这篇文章乍看起来是在夸奖女性，但实际上却是通过夸奖女性来批判年轻男性，隐含着以男性为中心的前提。站在女性的立场上，可以对这一前提进行反驳。

如果只站在个别男女关系的层面上来看，这篇文章确实给人一种女性愈发积极向上的印象。但从整个社会的层面上来看，女性遭到歧视的情况并不少见。无论是找工作还是在职场中的待遇以及在家庭中的地位，现在日本仍然是以男性为中心。然而作者却对这种社会现实只字不提，只抓住个别男女关系的问题就对年轻男性的"颓废"进行批判。这一点可以作为反驳的出发点。

特别是"因为在当今的日本，男性在承担全部责任的同时似乎享受不到任何好处"这句话，乍看起来似乎很有道理，但同时这句话也说明了女性连承担责任的机会都没有。这样还谈什么男女平等呢？

（3）　站在教育相关人士的立场上进行反驳

站在教育相关人士的立场，可以针对无论什么问题都将责任推到应试教育上这一点提出批判。"将精力全都投入到应试竞争中的男性"这句话，会使人产生出"应试教育导致男性颓废"的印象。但两者之间真的存在因果关系吗？围绕这一点就可以进行反驳。

比如，对同样努力学习并进入同一所大学的男生和女生进行比较，发现男性更加"颓废"，但仅凭这一结果并不能证明就是应试教育所导致的。即便如此，作者仍然在没有给出任何明确证据的情况下，就贸然地得出了两者之间存在因果关系的结论。也就是说，这位作者根据世间的"常识"，认为应试教育是"错误"的。可以对作者的这一前提进行反驳。

（4）　站在企业经营者（男性）的立场上进行反驳

这篇文章中所说的男性的颓废都表现在私人生活上，可以根据这一点来进行反驳。在约会时，不知道应该选择哪家餐厅的男性可能确实存在。但在工作方面，年轻男性还是会表现出积极向上的一面。因此，将男性颓废的原因都归结在教育和社会上的观点是错误的。

比如通过企业内部培训，可以使那些在私人生活中显得有些颓废的年轻男性在工作中发挥出自己的能力。企业的经营者可以站在这个角度，对作者的观点进行反驳。而且将工作表现与私人生活区分开之后，也可以使作者列举的"年轻女性美食家"的例子失去说服力。也就是说，作者在思考问题的时候只看到了私人生活的一面，导致观点过于偏激。而站在企业经营者的角度来说，通过营造一个合适的职场环境，可以极大程度地改变年轻人的工作表现。

上述例子，为大家揭示了针对千石先生这篇文章前提的不同反驳点。站在年轻男性的立场上，可以针对"老年人视角狭隘，只看到现在年轻人颓废的一面"进行反驳。站在女性的立场上，可以针对"只关注个人关系层面的问题而没有看到整个社会的男女不平等问题"进行反驳。区分个人等级的问题和社会等级的问题，批判只提倡前者的辩论者看待问题的局限性。

站在教育相关人士的立场上，可以从"无论遇到什么问题都归咎于教育，属于被'常识'束缚的观念"这一点进行反驳。站在企业经营者的立场上，可以从"只关注年轻人的私人生活而忽视工作表现"进行反驳。

这些都是根据作者的前提所存在的问题点和局限性，站在不同的立场上提出的反驳。像这样通过设定与自己的意见不同的立场，可以对前提有更加全面的把握，并且发现前提中存在的问题和局限性。

请尽可能地将反驳的文章写下来。因为在写文章的过程中，大脑的运转模式与单纯的思考完全不同。此外，如果对方存在对事实的错误认知，那就应该尽可能地搜集能够对其观点进行反驳的事实依据。前文引用的这段文章因为是书的前言部分，所以并没有充分的资料（不过，在《"老实人"的崩溃》正文中，千石先生还是列举了充分的数据，对自己的观点进行了证明）。

为了使讨论具有建设性，事实的碰撞必不可少。要想与成立新郎学校这个事实进行对抗，必须有针对性地拿出事实和数据才行。

比如找许多年轻人来做问卷调查，以调查结果为依据。或者调查在阪神淡路大地震的时候有多少年轻人（男性）参与了志愿者活动。准确且有说服力的证据和数据是进行反驳的基础。碍于篇幅所限，本书对搜集证据的方法不做过多的论述。大家只要知道可以通过假设辩论的方法发现作者前提中隐含的问题即可。这也是多元思考的第一步。

重点内容

1. 尝试进行"单人辩论"。

2. 在进行单人辩论时，设定多个立场，然后站在不同的立场上进行批判和反驳。

3. 通过站在不同的立场上写反驳的观点，可以发现作者的多个前提。

4. 不要只在大脑中思考反驳和批判，而是要将思考的内容写下来。通过写作，可以发现自己逻辑中存在的问题，也能够站在第三者的角度审视自己的立场。

美国大学的优秀论文

　　美国的学校比日本更重视培养"自主思考的能力"。这一点，在美国大学对学生论文的要求上体现得尤为明显。美国的大学生在写论文的时候，如果只是将文献的主要内容总结概括一番，肯定得不到高分，将自己的"想法"陈述出来的"感想文"也不行。当然，照搬教科书的内容更是一分也得不到。

　　那么，什么样的论文能够得到高分呢？这取决于在论文中存在多少"思考的痕迹"。

　　在美国的大学之中，要想写出"优秀"的论文，必须以文献为基础，利用在文献中获得的知识，有逻辑地阐述自己的思考。如果有必要的话，还要寻找并给出能够支持自己论点的证据。

　　学生必须自己提出问题并解决问题。提出问题时是否具有独创性和解决问题时逻辑展开是否具有缜密性，以及是否提供了足够的证据来支持自己的逻辑，都是判断论文优秀与否的重要条件。

　　日本的大学里也会要求学生写小论文，期末的时候还会要求学生写一篇大论文。但没有像美国的大学那样明确地告诉学生什么样的论文能够得到高分，甚至连大学老师也没有一个明确的评价标准。

第三章

提出问题与展开问题的方法

——引发思考的"提问"

1 提出问题

从"疑问"到"提问"

在上课或演讲会的时候，最后教师或主持人一般都会询问坐在下面的学生或听众"还有什么问题吗？"而接下来最常见的情况就是长达几十秒的沉默，主动举手提出问题的人在日本绝对是稀有动物。

"虽然有问题，但还不至于举手提问的程度……""让我提意见，我也不知道应该怎么说才好……""虽然有自己的想法，但无法清楚地表达出来……"很多人都出于这些原因没有提出自己的意见和问题。最终，主持人为了让场面不会过于尴尬只能点名要求听众提问，或者自己提问。

而教师就没那么幸运了，因为没有主持人帮他打圆场。

教师："大家有什么问题吗？"

学生：（沉默）

教师："关于××大家有什么看法？"

学生：（沉默）

这种情况在课堂上可谓司空见惯。

当我们听到别人问"有没有什么问题"的时候，如果对内容大致上都了解的话，确实会感觉自己没什么问题要问。因为一般情况下，我们会觉得只有在没听懂对方讲述的内容时才会提问，而听懂了就没必要提问。

确实，要想理解对方想要表达什么内容，必须仔细地倾听对方所说的话。准确的理解毫无疑问是最重要的。但这样接收信息的方式，属于被动接收。无论对方说什么，我们都会觉得是"正确的"。

在没有疑问的情况下，我们不会深入思考，只是一味地认为"这种事理所当然""这么说也是没办法"，在疑问产生的瞬间就将深入思考的苗头扼杀了。想要养成自主思考的习惯，在产生疑问的时候就必须抓住这种感觉，并保持怀疑的态度。

当然，即便产生了疑问，也并不意味着立即就能引发思考。因为像"为什么""怎么回事"之类单纯的疑问，如果不对其进行更加深入的分析，就无法与思考联系起来。因此，关键在于如何将疑问变为能够引发思考的"提问"。

"疑问"只是一种可以置之不理的想法，而"提问"则是回答的前提。如果只是感觉有疑问，我们并不会主动地去想办法寻找解答。但将疑问变为提问，我们就必须对其进行更加深入的思考来想办法找到答案。也就是说，疑问与提问之间最大的差异，就在于疑问大多只停留在最初的阶段，而提问则会引发出主动寻找答案的后续行动。

模糊且不具体的疑问是无法发展为思考的。思考"应该怎么办"时，或许会过于在意"怎么办"，从而无法发现思考的逻辑。可以尝试将其改为"应该怎样做"。也就是说，提问的方式不同，有时会发现思考的逻辑。但是，如何才能建立比较有效的提问方式？这里有更为适合的方法。学习这种方法就是本章的目的。在进入具体的说明之前，先来简单地了解一下这种方法。

那么，要怎样做才能将疑问变成提问呢？在开始说明之前，我们先来简单地了解一下提出问题和展开问题的方法。

有一个被称为分解提问的方法。具体来说就是将最初的大问题分解为多个小问题，然后从多个小问题的解答里找出对最初大问题的解答。

一个乍看起来不知道应该如何解答的大问题，只要仔细观察就会发现其实是由多个小问题组成的。而通过分析这些小问题之间的联系，就可以找到最初大问题的具体解答。比如，面对"怎样才能将新产品卖出去"这个大问题，可以将其分解为"面向什么顾客群体""利用什么销售网络""投入多少广告经费"等多个小问题。善于提问的人，能够将大问题准确地分解为多个小问题，并且找出小问题之间的联系。也就是说，知道如何提出问题以及如何展开问题。

例如，面对"怎样写一份优秀的企划书"这个问题，恐怕很难立刻得出答案。因为这种提问方式让人很难引发具体的思考。在这种情况下，可以将"怎样写一份优秀的企划书"作为出发点，然后将最初的大问题分解为"优秀企划书的判断基准是什么""企划书是给谁看的""如何使企划具有说服力""如何让企划书通俗易懂""如何让企划显得有创意"等多个小问题。关于创意部分，还可以进一步分解为"什么样的创意是好创意""创意是否有效""创意是否能够实现"等小问题。接下来就是找出这些小问题的答案，思考这些答案之间存在什么联系，是否能够解答最初的大问题。也就是说，通过对问题进行分解和展开，利用具体的小问题来引发更加深入的思考。

通过更加具体的"提问"，让问题和解答的过程都变得更加清楚明白。通过分解发现问题的多个不同的侧面，找出这些侧面与问题之间的联系。这种提出问题和展开问题的方法，是掌握多元思考法的重要方式。

所谓多元思考法，就是在思考问题时不只看到问题的一个侧面，而是充分考虑到问题的复杂性，通过发现问题的多个侧面，避免被"常识"束缚的思考方法。因此，将一个大问题分解为多个小问题，并找出相互之间的联系，可以帮助我们站在不同的角度观察问题。

那么，怎样才能明确地提出问题？怎样才能灵活地改变问题的形式？怎样提出问题和展开问题，才能引发更深层次的思考？在本章之中，我就将针对提出问题和展开问题的方法，为大家进行具体的说明。

步骤2　针对"实际情况"的提问

正如前文中提到过的那样，我在大学的学习小组中，每年都会让学生们自己选择主题并展开调查。在掌握了一系列的调查方法之后，学生们会根据各自感兴趣的主题写一份调查报告并在学园祭上发表。我会通过与学生们的交流，帮助他们锁定主题和调查对象。

第一次参加调查的学生，基本都停留在陈述自己感兴趣的内容这一阶段。

比如，"我对现在中学生参加校外补习的实际情况感兴趣""我对现代不善交际的年轻人之间的交往方法感兴趣""我认为理科生和文科生对大学的课程有不同的理解，我对其中的差异感兴趣"或者"我对现代大学中教师与学生之间的关系感兴趣"。

在这个初期阶段，学生们只是在阐述自己的问题意识。也就是说，学生们只是产生了"疑问"，而并没有将"疑问"变为"提问"。

于是，我会告诉学生们："请用疑问句将你们感兴趣的内容表现出来。"通过这种方式，让他们明确一种模式——应该怎样用提问的形式表达自己关心的主题，并且对于这个问题所期待的答案是什么。用提问和回答的方式，来思考自己感兴趣的主题。

听到我这样说，绝大多数的学生给出的都是类似这样的回答："中学生校外补习的实际情况是怎样的""大学中教师与学生之间的关系实际情况是什么样的""理科生与文科生对大学课程的理解实际存在怎样的差异"。

这就是"针对实际情况的提问"。像这样针对实际情况提出的问题，答案当然是"实际情况是××"。以前面提出的问题为例，答案分别是"最近越来越多的中学生参加校外补习""大学中教师与学生之间的关系很冷淡""与文科生相比，理科生对课程的专业性有更高的要求"。

在需要对情况进行全面的调查并确认事实真相的时候，这种提问和回答具有非常重要的意义。比如，要想回答"中学生校外补习的实际情况是什么样的"这个问题，就需要对学生上补习班的比例以及花费的费用进行调查。这时，"什么样"之中的"什么"这部分内容就可以分为调查参加补习班的人的比例、调查补习班的费用等，进一步细致地分解最初的问题，调查具体情况是怎样的。

经过调查，我们可以得知在日本全国有百分之多少的中学生参加了补习班，每周平均几天，每次平均几小时，以及平均花费是多少。而调查得出的结果，能够为我们思考中学生在生活和学习上可能出现的问题提供重要的线索。

不过，在类似这种"针对实际情况的提问"中，也包括只要经过调查就能轻而易举找到答案的问题。前面的这个例子就是如此，要想知道中学生校外补习的实际情况，只要有针对性地进行一下调查，就可以知道"答案"。虽然根据提问内容的不同，调查的方式和内容也会有所变化。但"××的实际情况如何"这种提问方式，大多都是建立在只要经过调查就能得到答案的"寻找正确答案"思想的基础之上。

有时候，这种"针对实际情况的提问"如果不继续深入的话，就很难与"思考"联系起来。也就是说，这种提问方式如果只停留在"只要调查就能得到答案"的阶段，就无法引发更加深入的思考。

步骤3 提问"为什么"

除了"针对实际情况的提问"之外，还有一种需要深入思考的提问，那就是针对"为什么"的提问。针对"为什么"的提问与"针对实际情况的提问"之间最大的区别，就在于"寻找正确答案"的思想完全行不通。

针对"为什么"的提问之所以能够引发更深入的思考，是因为"答案"本身就是对"原因"的一种推测。当然，要想知道这种对"原因"的推测是否正确，最终还是需要通过调查来确认。但在调查之前，对原因进行推测的过程，很有可能会引发更深入的思考。用稍微专业一点的话来说，这种推测是关于因果关系（原因与结果的联系）建立的假设（预测和猜想）。

比如，"中学生校外补习的实际情况是什么样的"这种针对"实际情况"的提问，如果不对实际情况进行调查只是基于推测进行讨论，就没有任何意义。与之相对，像"为什么越来越多的中学生参与校外补习"这种针对"为什么"的提问，对原因和理由进行推测这种行为本身就会加深我们的思考。充分发挥自己的想象力，思考答案，或者与伙伴们一起进行讨论，寻找答案的诸多可能性，对于提升思考能力大有好处。

当然，在这种情况下如果满足于"因为应试教育的竞争愈发激烈"这种受限于"常识"的解答，就无法起到加深思考的作用。陷入"常识"的陷阱导致思考停滞，是掌握多元思考最大的阻碍。

如果能够将"为什么"的提问顺利地展开，还可能发现新的问题。比如以"为什么越来越多的中学生参加校外补习"作为出发点，可以发现许多"为什么"的连锁，这样可以使我们站在更多的角度上对最初的问题进行审视。

对于"为什么越来越多的中学生参加校外补习"这个问题，如果直接得出"因为应试教育的竞争愈发激烈"的答案，思考就会停留在"果然还是应试教育的问题"这种常识性的解读。

接下来，可以针对"实际情况"提问，思考"应试教育的竞争真的越来越激烈吗"这个问题。这也是对作为常识的前提表示怀疑的提问。

对于这个问题，可能有人觉得"当然是这样了"。因为对"应试教育的竞争一年比一年激烈"的认知已经成为社会常识的一部分。但越是在得出这种与固定观念相同的答案时，越应该注意。像这样得出"常识性解答"的时候，也正是"展开问题"发挥作用的时候。在这种情况下，只要将问题稍微变换一下，提出"应试教育的竞争真的愈发激烈了吗"这样的问题，就可以避免因为被常识束缚导致思考停滞，进而发现新的思考方向。

"应试竞争愈发激烈"究竟意味着什么？是入学考试的分数线提高了，还是参加考试的人数增加了？或者只是社会全体的一种误解？像这样稍微变换一下提问的内容，就可以发现更多的切入点。同时也会使我们意识到，想要回答这个看似常识的问题并不容易。事实上，针对"是否有证据能够证明，与5年前和10年前相比，应试教育的竞争更加激烈"这个问题，能肯定地回答"是"的人恐怕并不多吧。绝大多数人都是在毫无根据的前提下对这一点深信不疑。由此可见，"因为应试教育的竞争愈发激烈"这个解答虽然听起来很有道理，但实际上却没有能够证明其正确性的事实依据。最近经常能在新闻报道中听到因为少子化导致大学入学考试比以前更加简单的事实，所以"应试教育的竞争愈发激烈"的常识也逐渐失去束缚力。

　　我们再回到之前的问题，如果"因为应试教育的竞争愈发激烈"这个答案不够准确，那就必须思考别的原因。比如，"因为社会整体生活水平提高了，有余力送孩子去补习班的家庭增加了，结果越来越多的中学生参加校外补习"。应试教育的竞争变得激烈并非直接的原因，家庭的收入增加才是导致参加补习班的学生增加的原因。这个答案似乎也是一种"常识"的解释。但在这种情况下，可以针对家庭教育支出的变化进行实际的调查。因此，与"因为应试教育的竞争愈发激烈"的解释相比，这个答案拥有更加确切的根据。在这个答案的基础上，还可以引申出"由于孩子数量减少，投入到每个孩子身上的教育经费增加，因此送孩子去补习班的家庭也增加了"的答案。在这种情况下，只要调查一下儿童出生人数的变化和每个家庭的平均教育支出之间的关系，就能发现两者之间的因果关系。综上所述，不应该过于相信"应试竞争变得激烈"这种没有事实依据的说明，不断寻找真正的原因才是最重要的。

　　之前我们都是站在学生的角度来思考这个问题，如果站在补习班的角度来看的话，又会出现多少"为什么"的连锁呢？无论学生多么想去补习班，如果附近没有补习班的话，也去不了。那么，从满足学生需求的角度来看，对于最开始"为什么越来越多的中学生参与校外补习"这个问题，可以提出"为什么出现了这么多补习班（补习班的数量增加，学生们去补习班的机会相应增加，于是去补习班的学生也随之增加）"或者"为什么补习班规模越来越大（即便补习班数量没有增加，但补习班的规模变大，能接收的学生人数也随之增加）"等和之前不同的"为什么"。"为什么出现了这么多补习班"这个问题，可以引出"为什么补习班这么多却没有倒闭"的新问题。"为什么补习班规模越来越大"这个问题，可以引出"要想扩大补习班的规模，应该怎样做"的新问题。

　　假设针对补习班方面的"为什么"和"怎样做"等问题，可以得出"应试教育产业通过广告等市场营销手段开发了市场"或者"补习班的经营向企业化发展，开发出面向更多顾客的商品与服务（比如开发新的指导方法和教材）"等解答。那么在这种情况下，"越来越多的中学生参与校外补习"的原因就不是"应试教育的竞争愈发激烈"，而是"补习班产业增加了自身对顾客的影响力，成功地扩大了市场规模"。

　　当然，上述解答的示例都是"推测"和"预想"，并没有得到事实的确认。即便如此，我们仍然可以从最初的"为什么"开始，引申出许多个全新的"为什么""怎样做""什么样"等问题，从而使我们摆脱"应试教育的竞争愈发激烈"这一常识的束缚，引发别的看法。

像这样以"为什么"作为出发点，就能够发现新的问题。而在新的问题之中，存在着许多与最初的问题站在不同角度的看法。也就是说，只要稍微换一种提问的方式，就可以获得更多的视角，实现多元思考。

我女儿刚上小学的时候，经常问我诸如"为什么明明地球是圆的，但海水却不会洒出去"之类的问题。当我回答"因为地球有引力将水吸住了"之后，她又会问"为什么地球会把水吸住呢"。她从不会只问一个"为什么"就结束，总是会连续提出许多个新的"为什么"。

几乎所有的小孩子都会像这样问个不停。而当我们回答孩子们的提问时，往往最后被他们问得哑口无言。有些大人觉得理所当然的事情，孩子们却充满了好奇，想要问个究竟。结果就是大人们根本不知道应该如何回答。

像小孩子这样连续不断地问"为什么"，就像不停地剥洋葱，剥到最后一无所有，看似毫无意义。但对大人来说，在这些"为什么"当中，却隐藏着与自己完全不同的看法。前文中提到的"为什么去补习班的学生越来越多"和"为什么出现了这么多补习班"等"为什么"的问题，就为我们提供了不同于"应试竞争愈发激烈"这一固定观念的全新视角。

6个为什么

生产移动电话、电脑中央处理器的美国企业摩托罗拉以强大的产品开发能力闻名于世。摩托罗拉的员工都有一个习惯，那就是问"6个为什么"。当发现产品存在问题的时候，员工们需要将"为什么"这个问题最少重复6次。当回答了第1个为什么之后，马上提问第2个为什么。回答完第2个之后紧接着是第3个……通过连续重复6次为什么，将出现问题的原因彻底搞清楚（三泽一文《创造思维》，讲谈社）。

对于多元思考法来说，"6个为什么"的提问方法很有启发意义。因为这种方法可以帮助我们从不同的侧面（最多6个）去思考问题。

通过反复提问"为什么"，搞清楚原因与结果之间的关系，再利用多个不同角度的观察来发现新的问题。摩托罗拉的"6个为什么"的思考方法很好地诠释了这一点。

2 "为什么"的问题展开

步骤1 提问因果关系

提问"为什么"之所以重要，不只因为"为什么"可以将问题展开，还因为"为什么"是针对因果关系的提问。而这一点对多元思考来说尤为重要。

"因果关系"这个词听起来可能显得有些专业。但任何事情都有原因和结果，探求原因的尝试，就是对因果关系的提问。

比如，房间里的电灯突然熄灭了，那么造成电灯熄灭的原因究竟是什么呢？是灯泡坏了？还是停电了？或者是谁不小心碰到了电灯的开关？上述这些都可能是导致电灯熄灭的原因。在这种情况下，关闭开关、停电、灯泡坏了就属于"原因"，而房间里的电灯熄灭则属于"结果"。

在商业领域，与"为什么"的提问相比，"怎么做才好"这种"针对方法和方针的提问"更加常见。比如"怎样做才能提高销售额"这个提问，就是针对"提高销售额"这一目的，用"怎么做才好"来引发出对方法和手段的思考。但换一个角度来看，这种"怎么做才好"的提问，也可以转换为针对因果关系的提问。对于"怎样做才能提高销售额"来说，"提高销售额"就是结果，而"怎么做才好"则是在寻找可以产生这种结果的原因。与寻找已经发生的原因不同，在这种情况下，我们寻找的是今后可能发生的原因。

对于房间里的电灯熄灭这种情况来说，导致电灯熄灭的原因一般只有一个，而且只需要在房间内检视一圈就能发现原因，基本不需要太深入的思考。

但在我们身边发生的问题之中，有很多原因不止一个的问题，以及难以找出真正原因的问题。

比如商业活动领域的"怎么做才好"这个问题，一个"原因＝手段"，不一定会得到期待中的"结果＝目的"。有可能在许多种原因的影响下，最后产生出一个结果，或者正好相反，一个原因引发出许多个结果。

尤其是社会问题，往往存在多个错综复杂的原因，非常复杂。在这种情况下，就不能考虑一个原因对应一个结果，而是必须将所有的原因都考虑进来；还要注意区分真正的原因和虚假的原因，不能被虚假的原因迷惑。

因果关系要想成立，必须满足以下3个条件。

1. 原因必须在时间上存在于结果之前（时间顺序关系）

　　这个原则可以说是理所当然的。原因引发结果，所以在时间上肯定存在于结果之前。以前文中电灯的例子来说，必须先关掉开关，电灯才会熄灭，而不是电灯先熄灭再关掉开关。

2. 原因的现象与结果的现象必须都发生变化（共变关系）

房间里的电灯从点亮的状态变为熄灭的状态和电灯的开关从打开的状态变为关闭的状态，这两个现象都发生变化。

3. 除了原因之外，没有其他重要因素的影响（排除其他可能的原因）

还是以电灯为例，别人家的灯光没有熄灭（说明没停电），或者其他的电器仍然在工作（说明没有跳闸），可以确定结果并没有受其他原因（停电）的影响。

其中，对思考因果关系的多元思考法来说最重要的一点就是第3条的"排除掉其他可能的原因"。为什么这么说呢？因为有时候我们认为"肯定是这个原因没错"的因素，实际上对结果可能并没有那么大的影响力，反而是我们没注意到的其他原因导致了结果。

比如前文中提到过的补习率的例子。假设有人根据在有许多重视子女教育的家庭居住的市中心区域，中学生补习率更高这一事实得出"因为应试竞争愈发激烈，所以导致学生补习率提高"的结论，乍看起来这个结论有理有据、令人信服。

但居住在市中心的家庭大多都比较富裕，有余力送孩子去补习班，这也可能是导致学生补习率高的原因。如果家庭经济状况对学生参加补习班的影响更大，那么"重视子女教育"就变成了虚假的原因。

这样的情况被称为"疑似相关"。乍看起来两者之间存在着相关性（＝相关），但实际上这种关系是虚假的（疑似）。如果只看到一个要因和一个结果，就很难发现这种"疑似相关"。只有在同时关注包括真正原因在内的三个以上要因的情况下，才能发现要因和结果之间的关系是否属于疑似相关。也就是说，发现两个以上的原因非常重要。

（步骤2） 排除疑似相关

那么，要如何排除掉疑似相关的要因，找到真正的原因呢？

最有效的方法就是找出其他重要且同时发生变化的要因，并试着消除其影响，然后看看最初认为属于真正原因的要因是否还对结果具有影响力。或许有人会问："要因的影响力能够消除吗？"当然，我们没有办法改变已经发生的事情，但可以通过对多个已经发生的事情进行对比，来达到和"消除要因影响力"一样的效果。

比如利用调查数据对多个群体进行比较，或者在大脑中假设多种情况进行比较。将不同状况中的个别要因限定为同样的条件，就能够达到消除要因影响力的目的。

接下来，让我们通过实际的案例来看一下具体应该怎么做。

还是以之前的补习班为例。对家里有中学生的家庭进行问卷调查，调查内容除了家庭的年收入、孩子是否参加补习班之外，还通过"是否帮助孩子辅导功课"这个问题来调查家长对子女教育的重视程度。假设问卷调查最终得出下页表1的结果。在表1中，越是重视子女教育的家庭，孩子们参加补习班的比率就越高。根据这个结果，可以得出"家长重视子女教育，是促使补习率提高的原因"这一结论。

那么，要如何判断这个结论是否属于疑似相关呢？为了更准确地判断，首先需要将家庭经济状况限定为相同的条件，然后将对重视教育的程度和对补习率的影响进行对比。比如，选出年收入800万日元以上的家庭，那么在这个群体中"家庭经济状况"这一条件就是固定的。然后，在这个群体中对比重视教育的家庭和不重视教育的家庭哪一个孩子的补习率更高。假设结果如同表2上半部分所示，家长是否重视教育确实对孩子的补习率存在影响。同样，假设在年收入800万日元以下的群体之中，结果如表2下半部分所示。那么无论在哪一个群体中，结果都和最初的表1一样，家长对教育的重视程度越高，孩子的补习率也就越高。

由于表2的上半部分限定为年收入800万日元以上的家庭，下半部分限定为年收入800万日元以下的家庭，相当于将家庭经济状况这一条件限定为相同的条件。因此，根据表2的结果，可以得出"无论家庭经济状况如何，家长是否重视教育是决定补习率的原因"这一结论。在这种情况下，家长对教育的重视程度和

● 表1　补习率的比较（A）

重视教育的家庭		不重视教育的家庭
50%	>	40%

● 表2　补习率的比较（B）

年收入800万日元以上的家庭

重视教育的家庭		不重视教育的家庭
55%	>	45%

年收入800万日元以下的家庭

重视教育的家庭		不重视教育的家庭
45%	>	35%

● 表3　补习率的比较（C）

年收入800万日元以上的家庭

重视教育的家庭		不重视教育的家庭
54%	>	50%

年收入800万日元以下的家庭

重视教育的家庭		不重视教育的家庭
41%	>	39%

补习率之间就不是疑似相关，而是存在确实的因果关系。

　　那么，如果在进行同样的比较之后得出了表3的结果，又将如何呢？表3的结果与最初表1的结果完全不同。在表3中，家庭年收入相同的情况中，无论家长是否重视教育，孩子的补习率都相差无几。也就是说，家长对教育的重视程度和补习率之间并没有明确的因果关系，属于疑似相关。虽然乍看起来家长是否重视教育十分重要，但实际上影响补习率的主要原因还是家庭的经济状况。

　　像这种明确原因与结果之间关系的思考方法，能够应用在有统计数字出现的情况中，即便没有数据出现，也一样可以利用这种思考方法来明确因果关系。而且在没有数据出现的情况下，更有助于我们练习不会被固定观念束缚的多元思考法。

　　"因为日本人是集体主义，所以××""因为日本受儒家文化的影响，所以××""因为日本社会重视学历，所以××"，当遇到上述这些固定观念的时候，就需要思考原因与结果之间的关系是否属于"疑似相关"。

　　比如"因为日本人是集体主义，所以企业都采用终身雇佣制"这个固定观念，要想搞清楚集体主义和终身雇佣制之间是否确实存在因果关系，可以对没有集体主义的美国进行调查，看一看美国有没有采取终身雇佣制的企业。如果在推崇个人主义的美国，也有企业出于某种经济上的原因采取终身雇佣制的话，那么集体主义和终身雇佣制之间就不一定是因果关系，而属于"疑似相关"。比如有一些美国企业，出于降低雇佣成本以及维持员工熟练度等经济方面的考虑，也愿意像终身雇佣一样长期雇佣员工。这样一来，与集体主义这种社会文化方面的要因相比，企业经济方面的要因可能是更加重要的原因。

或者也可以对同样具有集体主义倾向的韩国进行调查。如果这个国家的企业并没有普遍采取终身雇佣制，也可以证明集体主义和终身雇佣制之间并不存在因果关系。像这样，寻找结果相同而作为原因的条件却不同的案例，并比较。这和前文中说明的限定条件的做法相同，比较原因的影响程度。上述方法就是利用确定因果关系三原则之中的第3条原则，来摆脱固定观念的束缚。

就算不与其他国家进行对比，只要对比日本第二次世界大战前和第二次世界大战后的雇佣制度，也能发现集体主义和终身雇佣制之间是否存在因果关系。假设集体主义是日本特有的文化，那么无论在第二次世界大战前还是第二次世界大战后（以及实行"结构改革"的21世纪初期），日本人的集体主义都不会发生任何改变。也就是说，无论日本处于任何时期，集体主义这一条件都是相同的。然而，如果战前的日本企业并没有采用终身雇佣的制度，那就说明集体主义和终身雇佣之间并不存在因果关系。

我们再来看一个例子：因为日本社会重视学历，所以××。"因为日本社会重视学历，所以应试竞争愈发激烈，导致出现校园霸凌和学生拒绝上学等教育问题"。针对这种固定观念，应该如何做出怎样的比较并排除疑似相关呢？请大家先放下这本书，自己试着思考一下。

如果是我的话，会这样思考。

首先，找出一个比日本还重视学历的社会来进行对比。如果将学历能够很大程度地改变今后的人生的社会称为重视学历的社会，或许无法只将日本称为重视学历的社会。工作后的升职空间、收入的差距等受学历差距所影响的社会，除日本之外还有很多。单纯比较这种影响，也会发现比日本还要重视学历的社会。

比如，我们可能会在报纸或者电视上看到"韩国的应试竞争比日本更加激烈"之类的新闻。那么在这种情况下，就可以将日本与韩国进行对比。

接下来，对比日本和韩国对学历的重视程度以及校园霸凌和学生拒绝上学事件的发生次数。如果社会对学历的重视程度越高，校园霸凌和拒绝上学事件的发生次数越多，就说明"重视学历"和"出现教育问题"之间确实存在因果关系。但如果韩国的校园霸凌和学生拒绝上学事件的发生次数没有日本多，则说明"因为日本社会重视学历……"这种固定观念是错误的。

只要按照这种方法来对因果关系进行分析，我们就不会掉入固定观念的陷阱，从而发现"常识"之外的真正原因。通过反复提问"为什么"来将问题展开，就能实现多元思考。

我们来归纳一下这部分的重点内容。

重点内容

1. 提问"为什么"可以引发思考。

2. 因果关系要想成立，必须满足三个原则。其中第三个原则
   （排除掉其他可能的原因）最为重要。

3. 在确定因果关系时，排除疑似相关非常重要。为了排除疑
   似相关，需要确认除了当前的原因之外，还有没有其他要
   因会对结果造成影响。通过与其他社会、组织或者不同时
   代进行对比，可以获得许多有用的线索。

步骤3 问题展开的示例

　　看到这里，相信大家已经了解提问"为什么"对加深思考和
发现问题多元性的重要性。但或许还有很多读者不知道具体应该
怎么做才能分解问题并展开。接下来，我就将针对这些方法进行
具体的说明。我们以"为什么大学毕业生就业难"这一问题为例
进行思考。

　　如果直接回答这个问题，或许会因为过于复杂而找不到突破
口，最终只能做出"因为经济不景气"这种看似正确的回答。但
思考也会在这个阶段停止，无法引出更深层的思考。

　　因此，在回答类似这种复杂的问题时需要将问题分解，也就

是将"大问题"分解为许多个"小问题"。分解问题的方法之一，是将问题中的"主语"分解为多个组成部分。比如"日本企业"是问题的主语，就可以被分解为"制造业"和"非制造业"，或者根据企业规模来分类。如果"20多岁的年轻人"是问题的主语，可以按照性别分类，或者按照已经工作和还在上学来分类，已经工作的情况还可以按照职业来分类，而还在上学的则可以根据学校类型来分类。

像这样将提问的对象分解为多个要素之后，还可以针对新出来的"主语"更进一步地提出"为什么"。通过这种方法，我们就可以摆脱常识的束缚，发现与固定观念不同的"新问题"。

那么，将问题的主语分解后要如何将问题展开呢？最有效的方法是在提出"为什么"的基础上再"针对实际情况进行提问"。也就是说，在展开问题的过程中，交替提出针对实际情况的提问和针对因果关系的提问。

我们通过以下几个示例来看一看具体应该怎么做。

（1）为什么大学毕业生就业难

首先，将"为什么大学毕业生就业难"这个问题进一步展开为"男学生和女学生有什么不同"（这种展开实际上隐含着"不同性别的问题性质和背景也不同"的观念，以及在这种观念上产生出的问题意识）。将"大学毕业生"这一问题的"主语"分解为"男大学毕业生"和"女大学毕业生"两个群体，然后分别针对这两个群体的实际情况进行提问。

　　像这样提出问题之后，可能会发现女大学毕业生的就职率更低，找工作花费的时间更长，面试次数更多等实际情况。因为这是针对实际情况的提问，所以只要进行一下调查就能发现"答案"。

（2）为什么女学生就业难

　　根据上述事实，可以提出"为什么女学生就业难"这一问题。这个问题作为最初问题的展开之所以会很重要，是因为这个问题通过将大学毕业生分为男学生和女学生，引出了无法被"因为经济不景气"这一普遍观念解答的"新问题"。如果男学生找工作并不难，而女学生找工作难，大学毕业生就业难问题的原因就不能全归咎于经济不景气。

　　这个新问题的展开，实际上是在增加了"男女差异"这一新的要因之后，对最初的问题"大学生就职的实际情况是什么样的"进行的分析。换句话说，就是思考大学生就业问题受性别差异这一原因的影响有多大。

　　将问题这样展开之后，可能会立刻得出"因为日本企业还残留着歧视女性的习惯"这种常识性的"解答"。如果在得出这个"正确答案"之后就停止思考，那好不容易提出的"新问题"就失去了意义。

（3）毕业院校不同对就业是否存在影响

　　接下来将"为什么女学生就业难"这个问题中的主语"女

学生"进一步分解，提出"毕业院校的不同，对女学生就业是否存在影响"这一问题。通过这种"针对实际情况的提问"，可以判断"因为日本企业还残留着歧视女性的习惯"这个常识性的解答是否正确。即便女性比男性就业难的情况属实，但对比毕业于著名院校的女学生和毕业于普通院校的女学生后，发现两者的就业率截然不同。通过插入这种针对实际情况的提问，可以发现女学生就业难并不是因为歧视女性这种普遍观念导致的。

（4）为什么毕业院校会对学生就业造成影响

这样一来，就可以提出"为什么毕业于普通院校的女学生就业难"这个问题。为了回答这个问题，可以更进一步引出"过去这类大学毕业生就业的实际情况是什么样子（大多从事普通的事务性工作）"或者"不同大学的女毕业生希望入职的工作单位有什么区别"之类"针对实际情况的提问"，并且得出相应的解答。

当然这个问题还有一个相对的问题，那就是"为什么毕业于著名院校的女学生就业没那么难"。换句话说，通过对大学进行比较，可以发现女毕业生就业问题中隐含的差异性。通过追加"大学的区别"这一新要素，尝试找出最初的问题"为什么最近大学毕业生就业难"的答案。

在对问题进行展开的时候，针对最初的问题"最近大学毕业生就业的实际情况是什么样的"，首先考虑从性别的影响将问题分解（→"为什么女毕业生就业难"），然后再考虑学校这个要因的影响，将问题进一步分解（→"不同大学的女毕业生对希望入职的工作单位有什么区别"→"为什么会出现这样的区别")。

通过将问题的主语分解为多个要素，就可以分别思考原因的要素。将上述关系整理后如下页图1所示。从这张图表可以看出，这种问题展开的方法每次对问题进行分解时都会引出新的问题。因此，按照什么方法来进行分解是促进思考的第一个重点。

第二个重点是利用"××的实际情况是什么样的"的提问引出"为什么"的提问，然后再根据"为什么"的提问引出"××的实际情况是什么样的"的提问，也就是交替提出针对实际情况的提问和针对因果关系的提问。虽然我们最终想要回答的是最初"为什么"的提问，但如果最初的问题过于复杂，无法立刻得出答案，就可以将这个提问变换为针对实际情况的提问，然后将问题进行分解。

第三个重点是在对问题进行分解时，要先找到可能对结果造成影响的要因。比如在这个示例之中，性别差异和大学的区别是可能对大学毕业生就业造成影响的要因，那么就以此为基础来进行分类。除了上述分类方法，还可以根据文科与理科的区别，或者地区的差异等要因为基础进行分类。无论采用什么分类方法，都比直接思考"为什么大学毕业生就业难"更容易引出具体的问题。

这种展开问题的方法也能产生出"为什么"的连锁。而每一个针对"为什么"和"实际情况如何"的回答，都将成为最初"为什么"的解答。

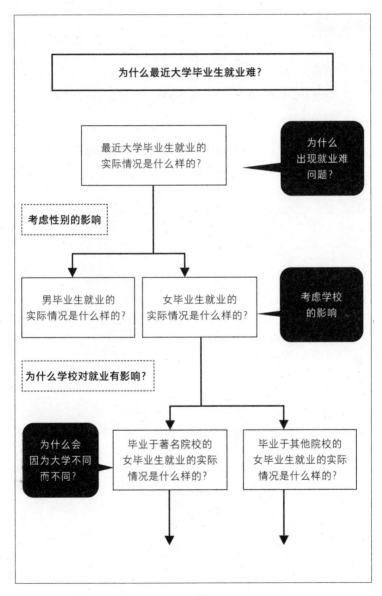

● 图1

重点内容

1. 将最初的主语分解为多个组成部分。

2. 在展开问题的过程中，交替提出针对实际情况的提问和针对因果关系的提问。

3. 在对问题进行分解的时候，要一边思考可能对结果造成影响的要因一边进行分解。

3 站在概念的级别上思考

步骤1 概念的作用

在前文中，我曾提到过"因为日本人是集体主义，所以××"这种囊括所有日本人的固定观念容易使思考陷入停滞。但与之相对，太过拘泥于个别的要素也同样会使思考陷入停滞。因为过于关注事物的细节，会被事物的特殊性束缚，使思考难以向前发展。比如总是考虑"这个情况可能是这样，但每个情况都有所不同""不一样的人，情况也不一样""时间和地点不同，原因也各不相同"。如果过于注意这些个别的细节，思考就会停滞。

要想避免出现上述情况，在提出问题的时候就需要注意抽象性和普遍性，或者说具体性与个别性的等级。应该以什么程度的普遍性为基础提出问题？应该在多么具体的问题中提问"为什么"？搞清楚抽象性和具体性的等级，可以在展开问题的时候为我们提供重要的线索。因为思考就是以眼前的具体内容为线索，在不被眼前的内容束缚的前提下，以更加具有普遍性的方式对事物进行理解的过程。换句话说，就是在观察具体的个别事例和普遍事例的过程中进行思考。

因此，展开问题的第二个方法，就是灵活地区分抽象性和具体性的等级并加以利用。但在开始说明这部分内容之前，需要做一些准备。这个准备就是要理解概念或概念化。接下来我就先为大家说明什么是概念。

说起"概念"，可能很多人都觉得这是一个非常难以理解的词。但理解了概念和概念化，将为我们展开问题提供巨大的帮助。

那么，什么是概念或概念化呢？

假设现在我们眼前有两个苹果。我们拿起其中一个苹果然后咬一口，那么这个苹果就和其他的苹果有了明显的区别。但是，如果考虑到苹果和苹果之间的共通性，那么这个被咬了一口的苹果和没被咬过的苹果都是苹果。

从这个角度来看，任何事物都可以从具体的个别性到共通的普遍性分为许多个等级。眼前被咬过一口的"这个苹果"，是具体的、个别的。而"苹果是青森特产"中所说的"苹果"，则是抽象度更高，在概念的等级上所说的苹果。

除了物体之外，事情也可以从具体的个别性到共通的普遍性分为许多个等级。比如"在B公司工作的太郎临时被调往子公司A公司工作"，就是一个具体、个别的"调任"例子。在这种情况下，通过"调任"这个概念，可以使太郎工作地点的变动区别于"解雇"和"跳槽"。也就是说，通过"调任"这个概念，不但可以解释太郎的工作变动，还可以普遍地解释"临时从一个公司前往另一个公司工作"这种情况。

概念化是提高事物抽象度的方法。以前文中提到的苹果为例，将眼前被咬了一口的苹果看作普通的苹果并表述出来，就是"概念化"。同样，将"在B公司工作的太郎临时被调往子公司A公司工作"这一现象看作"调任"的时候，就是将个别的事情看作普遍的"调任"表述出来。综上所述，概念化就是通过把握事物的概念，站在普遍性的高等级上认知事物的方法。

概念化的优点在于可以提高事物的共通性，消除个别的细节。在寻找拘泥于个别细节就难以发现事物共通性的时候，概念化是非常有效的方法。

步骤2　概念相当于探照灯

概念之于思考的另一个重要作用，是通过赋予某种概念，使之前被忽视的内容能够更容易地被发现。美国的社会学家塔尔科特·帕森斯将概念的这种作用比喻为"探照灯"。一个新的概念，能够像探照灯一样将之前隐藏在暗处的东西照亮，揭示其存在。

我将以"性别（gender）"这个概念为例进行说明。

所谓性别，指的是由社会、文化等因素造成的男性和女性的区别。在这个概念出现之前，男女之间只有身体特征上的生物学差异。比如"女性生孩子"就是与生物学差异相关的事实。

与之相对，"女性抚养孩子"这一事实又应该如何解释呢？仅凭生物学上的性别差异无法对其进行说明。这一事实只有在整个社会都认为"抚养孩子是女性的责任"的情况下才能够成立。

当性别的概念出现之后，我们就可以区别男女之间哪些属于生物学上的差异，哪些属于社会和文化上的差异。也就是说，在"性别"这个探照灯的作用下，那些之前隐藏在暗处的"社会和文化造成的性别差异"现象才被人们发现。

通过新的概念，人们就会质疑迄今为止一直被视作理所当然的"常识"。在"性别"的概念出现之前，"因为女性生孩子，所以抚养孩子是女性的责任"可能是理所当然的常识。但当"性别"的概念出现后，人们会发现在性别差异中除了生物学上的差异，还存在社会和文化上的差异，因此以"女性生孩子"为理由得出"抚养孩子是女性的责任"的结论，不是由生物学决定的，而是由社会和文化决定的。也就是说，可以由此引出"男性也能抚养孩子"这个和之前的常识完全不同的新发现。

像这样，概念的导入能够让人们关注迄今为止忽视的事，发现新的现象。概念的作用也分为两种。一种是通过新的概念加以区分，使之前一直被混为一谈的事物展现出各自的区别。这就是前文中提到的性别的例子。通过对迄今为止混为一谈的事物重新分类，发现没有被视为问题的部分，正是概念的第一个作用。还有一种与之正好相反的作用，那就是通过新的概念发现共通性，将之前一直分散的事物统一起来。

第一种作用的例子除了性别之外，还有企业的"结构调整（restructuring）"。在这个概念出现之前，企业对人员进行调整的现象都被统称为"合理化"。但合理化的对象主要以生产现场的劳动者为主。也就是说，在绝大多数的情况下都仅限于生产现场，并不能用来说明企业组织全体变化中的人员配置变更。

直到20世纪80年代后半段，企业组织的改编开始涉及管理部门，白领的人员配置也出现了变化。"合理化"的概念已经无法充分地解释这一新现象，为了说明这个在组织全体发生变化的现象，"结构调整"的概念应运而生。这也可以看作为了强调对经营管理部门的人员进行调整的必要而出现的概念。因此必须与传统的"合理化"有所区分。

概念的第二个作用，就是通过发现共通性将不同事物统一起来。比如，"性骚扰（sexual harassment）"这个概念发挥的就是第二个作用。

在这个概念出现之前，职场中就有男性通过语言和身体接触等行为对女性同事进行骚扰，甚至有时候还会出现性犯罪的行为。这些让女性感到不愉快的语言和行动，因为程度和种类各不相同，所以一直没有被认为具有共同的特征。

但"性骚扰"的概念出现之后，这些之前被看作完全不同的语言和行动全都被归类到了同一个分类之中。也就是说，人们通过"性骚扰"这个概念的探照灯，发现了之前各不相同的现象之间隐含的共通性。

步骤3　概念、定义、事例

概念就像探照灯，能够照亮各种各样具体的事象，并将其区分或者统一。不过在被概念照亮之前，这些个别的事象就已经存在。在本书中，我将这些个别的具体事象统称为"事例"。

比如"家族"这个概念。这个概念照亮的是一个个具体的家族事例。你最熟悉的恐怕是"自己的家族"这一个别、具体的事例。除此之外，你可能还熟悉妻子或丈夫家族的事例。这些都是被"家族"这个概念照亮的具体的家族事例。

那么，你对被"家族"这个概念统一起来的更具普遍性的家族事例又了解多少呢？"家族"究竟指的是什么？由于定义不同，家族这个概念涵盖的范围也不同。比如离开故乡的父母独自一人来到东京念大学的大学生，他的家族是指他自己一个人还是连他在故乡的父母也包括在内？当他大学毕业参加工作实现经济独立之后，他的家族又是指什么呢？再看另外一个例子，单身赴任的父亲与留在东京的妻子和孩子还能说属于同一个家族吗？上述问题的答案完全取决于对家族这个概念如何定义。

将目光放在概念的定义上之后，就会发现概念与事例之间全靠定义连接。眼前的某种具体的事例是否被包含在某种概念之中，是由这个概念的定义决定的。

但我们平时即便在概念的级别上进行思考时，也往往不会关注概念的定义是什么，都是在似懂非懂的状态下使用概念进行思考。特别是在使用一些难以理解的概念时更是如此。比如"个性""创造力""合理性"等，都是让人似懂非懂，在没有明确定义的状态下使用的概念。

换句话说，这些概念在对应事例的时候，并没有一个明确的标准来判断其具体对应什么事例。比如，"你是否具备创造力"

这句话之中的"创造力"指的究竟是什么？是天才的发明能力，还是无论多么微小的问题都能发现并加以改善的能力？由于这个概念的定义不同，回答也不同。再比如"培养创造力"的情况，不同的定义实际采取的行动也各不相同。像这种在概念的级别上进行思考的时候，如果概念没有一个明确的定义，就很容易止步于单纯的抽象论而无法进行深入的思考。

在日常生活中，我们可能并不关心如何使用概念，以及概念的意义。因为我们生活在一个充满具体事例的环境中，只要思考自己身边的事例就足够了。

但要想掌握多元思考法，在概念的级别上进行思考尤为重要。因为如果只在个别的事例中进行思考，就无法发现更多的问题。而只追着一个问题进行思考，会在不知不觉中认为这个问题属于理所当然的"常识"，从而使思考陷入停滞。

站在具体的个别的事例级别上进行思考和站在具有较高抽象度、更普遍的级别上进行思考存在明显的差异。概念化的方法，就是为了帮助我们更好地区分个别具体事例的级别和抽象度更高的级别。

以前文中提到的家族为例，在思考眼前家族的问题（事例）时，通过将讨论转移到抽象度更高的"家族"这一概念的级别，就可以排除掉许多冗余的信息，直接发现最本质的问题。或者通过与其他家族的事例进行比较，发现家族普遍存在的问题。通过概念这个有利的工具，我们可以发现那些在具体事例的级别上难以发现的问题。

多元思考的技巧

——设置禁用语

　　学生们在讨论的时候，经常在不甚了解的情况下使用抽象的概念。比如"构造""个性""人格形成""权利"等就是最典型的例子。他们对这些概念真正的定义似懂非懂，却拿来就用，这样做很容易使讨论陷入僵局。

　　这些关键词就像一种魔咒，拥有使人的思考陷入停滞的魔力。这也是二元思考的典型思考方法。"生存力""偏差值教育""培养青少年健全的人格""维持金融秩序""保护存款人""地区开发""破坏自然""人权""保护消费者""合理化""效率化""新闻报道自由"……在使用这些概念的时候，绝大多数的人都是似懂非懂。这些偏离文章逻辑的关键词，就是使思考陷入停滞的魔咒。

　　于是，我要求学生在思考问题的时候不使用这些词。思考教育问题的时候，"个性""学力"等关键词就是禁用语。如果学生想要表述"教育应该重视个性"这个观点，就需要用其他的说法来代替"个性"这个词。比如在讨论"个性与校规之间的关系"时就像下面这样。

　　假设学生 A 想表述的观点是"强制统一的校规不利于培养学生的'个性'"，那么就需要替换为"强制统一的校规不利于学生发挥'自己认为自己有优势的特征（＝个性）'"。学生 B 想表述的观点是"校规等集体内的规律也应该尊重学生的个性"，也需要替换为"校规等集体内的规律也应该在'尊重每个人与他人差异的同时，帮助学生发挥自己认为自己有优势的特征（＝个性）'"。在这种情况下，学生 B 所说的"个性"就比学生 A 所说的"个性"增加了"尊重每个人与他人差异"的含义。如果参与讨论的人都对"个性"的定义似懂非懂，而且擅自为其增加含义，那么讨论就会在任何人都没有意识到这种微妙差异的情况下偏离正确的轨道。通过禁止使用这些关键词，可以使我们避免受到魔咒的影响（另一个禁用语的例子我将在第四章中为大家说明）。

"泡沫经济"和"泡沫崩溃"等上一个时代的概念也逐渐变成了魔咒。因为没有严格的定义，20世纪80年代后半段因为土地投机而出现的经济不景气现象都被称为"泡沫经济"，而当时发生的事情对现在造成的影响则全都被看作"泡沫经济崩溃的结果"。在这种情况下，只要将"泡沫经济崩溃"设定为禁用语，就能将自己真正想要传达的内容表述出来。

像这样将禁用语替换为别的说法，可能让人感觉有些啰嗦。但事实上，这些让人觉得啰嗦的部分正是我们在使用禁用语时没有思考到的内容。我并不是说这些概念不重要，正因为我知道这些概念的重要性，所以才希望更加准确地使用它们。而将禁用语替换为其他说法就是最好的方法。

我在阅读社会学家佐藤健二先生的《社会学·入门》时得到了关于这个方法的灵感，并且将这个方法应用在实际的教学指导当中。

步骤4　提问的普遍化和抽象化

那么，在实际操作中应该如何区分概念和事例的关系，对提问进行展开呢？比较有效的方法之一是通过提高个别事例的抽象度将其提升到概念级别。接下来我将以"为什么出现校园霸凌"这一问题为例，通过 *AERA* 第 361 号（1995 年 2 月 20 日号 58 页）上刊登的《弱者之间的斗争：霸凌者的"霸凌逻辑"》这篇文章中的几个事例对上述方法加以说明。

事例 1

日本广岛县中学的女生群体（15 岁）去年春季利用三年级更换班级的机会开始对同学霸凌。"我们 5 名女生本来是朋友，但其中有一个人性格比较以自我为中心，求别人帮忙的时候也总是用命令的口气。我们为了治一治她的脾气，决定都不理她。"遭到霸凌的女生休学了一段时间，后来即便重返校园，也不进教室，而是直接躲进保健室。教师发觉此事后帮助双方达成了和解。"因为马上要迎来升学考试，她还希望能得到学校的推荐，继续缺课下去的话对她影响很大，所以我们在秋季的时候就和她正常地交流了。我们不理她确实做得不对，但也没想到她真的不来上学。霸凌会使人产生罪恶感，对双方都是一种伤害。我再也不想那么做了。"

对于发生这起事件的中学（暂且称之为 A 中学）的教师们来说，当听到"为什么会出现霸凌事件"这个问题的时候，首先想到的肯定是上述这个事例（特定事例）。如果我们将被霸凌的女生称为 B，霸凌她的 4 个女生分别称为 C、D、E、F，那么这个问题具体来说就是"为什么 C、D、E、F 不理睬 B"。在这种情况下，就需要分别考虑这些学生的个人情况，找出导致发生霸凌事件的原因。

比如，B 和 C 等人之间的关系变差可能是导致霸凌的原因，或者这些学生所在的班级的整体氛围可能是导致霸凌的原因。或许还有人认为这个班级的班主任的教导方法有问题。总之，思考的重点全都集中在为什么会出现"这个（特定事例）"霸凌事例上。

像这样针对具体的事例进行思考的时候，提问和展开基本也都围绕着个别的事情。比如从"其他人不理睬 B 的起因是什么"开始，引出"班级里的其他同学是否发现霸凌的情况，是否采取了阻止的行动"之类的问题，进而展开。

接下来，假设我们又发现了另一个霸凌的事例。这个事例可以是发生在其他学校的，也可以是发生在同一所学校的不同年级的。总之，我们又获得了一个和之前的事例不同的霸凌事件的信息。比如以下这起事件。

事例2

　　日本东京都小金井市某大学一年级男生（19岁）讲述了
自己在中学二年级的时候与同班同学一起欺负一名男生（暂
且称之为 G ）的事情。当时班级里的所有人都故意疏远这名
男生，不和他说话。"他那个人有点木讷，曾经在打排球的
时候因为失误被球打中脸。大家都嘲笑他。没有人愿意和他
做朋友，与他接触太亲密的话就会遭到其他人异样的眼光。
现在回忆起来，当时的行为真的很幼稚。但小孩子嘛，总是
想找点乐子，所以就做了那些事。"

　　当我们根据这两个事例来思考"为什么会出现霸凌事件"这
个问题的时候，会发现思路和之前只有一个事例的时候截然不
同。在掌握了两个事例的信息之后，我们关注的重点就会落在两
个事例的共同点和不同点上。事例1中的"不理睬"和事例2中
的"疏远"实际上是存在共同点的。

　　当发现共同点之后，就需要提出一个能够将这些共同点统一
起来的概念。比如，用"集体排斥"的概念来表示"不理睬"和"疏
远"的行为。这里的"集体排斥"可以定义为"将特定的个体从
由复数个体组成的集体中排除"。也就是说，即便只有这两个事
例，我们也可以提取出"集体排斥"这个现象作为霸凌事件的共

同点之一。

接下来，我们来看一看被霸凌的对象是否存在共同点。被不予理睬和被疏远的孩子有什么共同点呢？在事例1中，其他人对B的看法是"性格比较以自我为中心，求别人帮忙的时候也总是用命令的口气"。在事例2中，其他人认为G"有点木讷"。"性格比较以自我为中心"和"有点木讷"之间乍看起来似乎并没有共同点。但从霸凌者的立场上来看，上述事例中被霸凌的学生身上都有和自己不同的地方。为了找出共同点，在这里我们提出"集体中的特殊个体"这个概念。在上述事例中，此概念可以定义为"在集体中的其他人看来与自己存在差异的个体"。

当站在概念的级别上重新审视现象之后，"为什么会出现霸凌事件"这个问题就如下页图2所示，变成了"为什么集体内的特殊个体会遭到集体的排斥"这个问题。

像这样在概念的级别上提出问题并展开问题的关键包括以下3点：

1. 找出多个事例，思考事例中的共同点。
2. 找出能够将这些共同点统一起来的概念。
3. 明确概念的定义。

通过在概念的级别上重新提出问题，我们的思路会摆脱事例的束缚，思考更普遍的问题，并提出解决问题的假设。

如图3所示，假设我们找到了"集体的均一性越高，集体所

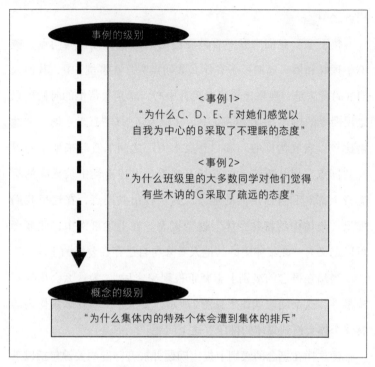

● 图2

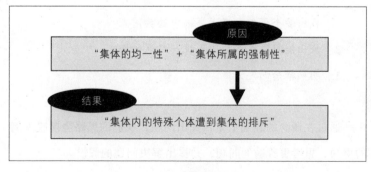

● 图3

属的强制性越强，集体内的特殊个体越会遭到集体的排斥"这个答案（假设）。

由此可见，如果组成原因的两个要素同时存在，那么"集体内的特殊个体就会遭到集体的排斥"，也就是容易发生霸凌事件。

通过在概念的级别上建立假设，我们会发现在具体事例的级别上难以发现的突破事例个别性的原因和关系。

接下来，需要对得出的答案（假设）进行验证。最直观的方法就是思考这个答案是否适用于其他事例。我们来看同一篇文章中的另外两个事例。

事例3

日本横滨市某高中一年级的男生在小学五年级的时候，"中途参与了"对同班同学的霸凌。"班级里的同学都辱骂一个女生，说她是病菌。这个女生成绩很好，体育也不错。其实我并不知道她为什么被霸凌，只是听人说她以前因为生病而不能洗澡，结果身上有异味。我虽然不知道这件事，但因为大家都疏远她。如果我不参与的话，恐怕也会被排挤，结果就在这种从众心理下也参与了霸凌。"有不少人连自己都不知道为什么会霸凌别人。

事例4

　　日本大阪府高槻市大学一年级的女生（19岁）回忆说在
自己上小学三四年级的时候，有一名女生遭到全班同学的疏
远。"大家都觉得那个女生低人一等。虽然疏远她没什么乐
趣，但有人低自己一等，会使人产生出优越感。我并不讨厌
她，但要是我去帮助她的话，害怕自己也会被牵连。带头欺
负人的那个女生很可怕。"

　　在这两个事例之中，遭到霸凌的孩子也存在"身上有异味"
和"低人一等"的特殊性。而且，事例1到4都发生在学校的班
级这个"均一性和所属的强制性都很高"的集体之中，很容易发
生霸凌事件。看到这里，有人可能会想到战争时期的军队里经常
出现霸凌的现象，而被疏散的难民在新的居住地也很容易遭到霸
凌。由此可见，除了学校之外，凡是拥有类似特征的集体对特殊
个体都具有较高的排斥性。
　　像这样在概念的级别上思考因果关系时，可以利用表4这样
的图表整理思路。

● 表4 原因的排列组合		
原因		结果
集体的均一性	所属的强制性	排斥特殊个体
＋	＋	＋＋
＋	－	
－	＋	＋
－	－	－－
＋代表存在，－代表不存在		

在这篇文章中，有一名大学生表示"上了大学之后，每次上课同班同学都会换一批面孔，虽然很难交到朋友，但也不会被霸凌。每天都在同一个班级里的话，肯定难免会碰面。要是中小学也能像大学这样把班级打乱就好了"。他说的这种情况放在表4中属于哪一种排列组合呢？大学由于每堂课的人员都会发生变化，因此在集体的均一性方面比中小学要低得多（－）。而且，班集体对所属的强制性也比中小学低得多（－）。可见，这种组合从结果上来看，特殊个体遭到排斥的可能性非常低（－－）。

表4还可以帮助我们区分"集体的均一性"和"所属的强制性"哪一个是更加重要的原因。请大家回忆一下前面提到过的因果关系三原则之中的第三个原则。当我们以为集体的均一性是导致特殊个体遭到排斥的决定因素时，有可能所属的强制性才是真正的原因。在这种情况下，可以对分属于表中第一列和第二列的事例进行对比，找出哪一个才是真正的原因（或者哪一个具有更强的

影响力)。

比如,将补习班和学校分别放在两个事例中进行对比。补习班和学校作为集体可以看作拥有同样的均一性,但所属的强制性却并不相同。补习班随时可以不去,在强制性上比学校低很多。如果经过调查发现学校发生霸凌事件的情况比补习班更多,那就说明与集体的均一性相比,所属的强制性是影响力更强的原因。

或者对私立学校和公立学校进行对比。一般来说,从私立学校转学到公立学校比较简单。反之,从公立学校转学到私立学校就没那么容易了。也就是说,与私立学校相比,公立学校所属的强制性更强。在这种情况下,如果公立学校比私立学校更容易出现霸凌事件,或许就可以认为集体所属的强制力是最重要的原因。

接下来将这个结论套用在其他事例上,比如将中学和高中进行对比。因为高中不属于义务教育,所以学生可以选择退学。与之相对,中学的强制性更高。在这种情况下,如果中学比高中更容易出现霸凌事件,就更进一步证明了上述结论的正确性。只要对实际情况进行一下调查,就可以发现高中发生霸凌事件的概率确实更低。

像这样将问题的抽象度提高到概念的级别上进行展开,然后再将抽象度降低到各种具体的事例上,就可以对概念级别的假设进行分析和讨论。最初只针对特定中学的个别霸凌事例进行思考和站在概念的级别上进行思考的区别就在于此。也就是说,通过提高抽象度将问题作为概念表现出来,就可以将乍看起来毫无关联的事例作为材料,思考问题。

当然，如果分别站在每个霸凌事例的立场上来看，眼前的个别事例都拥有非常错综复杂的原因。要想解决个别事例的问题，就必须将这些错综复杂的原因逐一搞清楚。越是严重的问题，越应该深入挖掘并准确地把握事实。

但在解决了一个事例之后，我们还需要将获得的经验应用到其他事例之中。在这种情况下，要想让之前的经验具有更普遍的适用性，就需要用到前面提到的通过对比事例实现普遍化和抽象化的思考方法。为了让之前获得的经验得到更广泛的应用，就必须将经验系统化，使其能够共享给其他人。因此，抽象化和普遍化也可以说是用来共享经验的方法。

此外，像这样将问题抽象到概念的级别上表现出来，能够给我们提供更多思考的线索，使我们避免陷入固定观念的思考之中。

比如前文中提到的霸凌事件，对于"为什么集体内的特殊个体会遭到集体的排斥"这个问题，很多人可能会想到"日本人追求平均主义，所以特殊个体会遭到集体的排斥"这个对日本人来说司空见惯的答案。认为学校的霸凌事件是日本特有的情况，也可以说是这种固定观念的变种。

但"集体的均一性越高，集体所属的强制性越强，集体内的特殊个体越会遭到集体的排斥"这个答案不只适用于日本社会。事实上，在英国的全寄宿制学校和美国的军营中都存在集体排斥特殊个体的情况，如果掌握了这个信息，就不会被"霸凌事件是日本特有的情况"这种固定观念束缚。

站在概念的级别上重新思考霸凌问题，使其一般化，就能够将其应用到其他案例中。通过这种做法，我们就能够避免只看待个别事例时陷入固定观念的想法。

像这样，将概念的等级应用到问题中就相当于站在更高的立场上思考问题。

这样一来，我们就能够发现多个事例中存在的共同点，发现真正的原因。

重点内容

---

1. 概念相当于探照灯，通过发现新概念可以找出新问题。

2. 在事例的级别与概念的级别上展开问题，分别对应问题的具体化和普遍化。

3. 通过对两个以上的事例进行比较，可以将事例的共同点提取出来作为概念，在概念的级别上将原因和结果的关系重新表现出来。

4. 在概念的级别上思考出来的因果关系也适用于其他事例。

专栏

抽象思考的技巧

——思考"这是什么事例"

本章经常出现"事例"这个词。这里的"事例"指的是个别的、具体的问题和事情。但在我们的日常生活中,从"事例"的角度对事物进行观察,一般来说指的是站在更普遍、更抽象的概念级别上进行思考的方法。

以本章中霸凌的问题为例,我们来思考事例1究竟是什么"事例"。当然,从最抽象的概念上来说,此事例属于"霸凌"这个普遍化现象的事例之一。

但将抽象度降低一些之后,针对"这是什么事例"这一问题就能够得到更多不同的答案。比如"导致特定的孩子产生性格缺陷的事例"或者"更换班级时发生的事例"。普遍化和抽象化的方向不同,得出的答案也各不相同(前者是在个人的身上寻找发生霸凌的原因,后者则将关注的重点放在集体出现变动的时期上)。

当面对具体的问题和现象时,首先思考"这是什么事例""将其作为怎样的事例来对待",可以帮助我们发现自己在潜意识中设定的普遍化和抽象化的方向性。

或者与之相反,如果是已经有意识地决定了抽象化的方向性的情况下,通过思考个别、具体的问题和现象属于什么事例,可以来确认改变抽象度是否与自己设定的抽象化的方向性一致。

"这是什么事例?"只需要问自己这样一个简单的问题,我们就能够找到将具体的现象抽象化的方法。

第四章

掌握多元思考

在上一章中，我说明了展开问题的方法。通过提出问题来对事物进行思考，然后通过展开问题使思考随之展开。

在本章中，我将为大家说明掌握"理性多元思考法"的具体方法。我认为，要想"多元"地看待问题，就要在展开问题上多下功夫。在第三章中，我基本都是展开问题。但要想掌握多元思考法，还需要在展开问题的过程中稍微偏离出来一点对问题重新进行审视。

接下来，我将分别为大家说明这三点内容：（1）"利用关系论看待事物的方法"把握事物的多元性；（2）"发现悖论"，找出事物的意外性；（3）"针对问题提问"，对前提保持怀疑。

1 利用关系论看待事物的方法

步骤1 关注事物的二元性（多元性）

在上一章介绍"提出问题与展开问题的方法"时，我为大家说明了将对象的"主语"分解为多个部分的方法。将这个方法进一步展开，就是我接下来要为大家说明的"利用关系论看待事物的方法"。

本书提出的"多元思考法"，是通过多元的视角把握事物复杂性的方法。站在这样的视角上就不会被"常识"束缚，换句话说，就是不会出现思考停滞的现象，大脑能够持续思考并引发连锁思考。

多元思考的第一步，是把握事物的二元性和多元性，并分解要因。

很多事物看起来似乎是一个单纯的个体，但实际上是由两个甚至多个要素组成的。比如前文中提到的"大学毕业生就业难"的问题，是由招聘岗位数量少和求职者数量多这两个要素组成的。用经济学上的术语来说，就是劳动力市场中需求侧与供给侧的不平衡导致的问题。

或许有人觉得"什么嘛，这个谁都知道啊，是经济学最简单的理论"。确实如此，这种"知识"我们每个人都知道。但问题在于，这种知识能够引发怎样的"思考"以及能够产生怎样的"思考方法"。因此，接下来我将利用这些乍看起来属于"常识"的事例，说明如何从多元的角度把握事物和进行思考的方法。

在第三章中，我们主要将求职者一方作为"主语"，通过将其分解为多个组成部分来对问题进行展开。但正如我刚才说过的那样，日本"就业难"的问题是求职者和用人单位双方的问题。比如即便在经济景气的时候，如果求职者的数量远远大于用人单位招聘岗位的数量，也一样会出现就业难的问题。经过实际调查就会发现，近年来造成大学毕业生就业难问题的主要原因之一，正是大学毕业生的数量大幅增加，超出了用人单位招聘岗位的数量。

尤其是对女毕业生来说，随着四年制大学的升学率上升，越来越多的毕业生涌入劳动力市场。将1990年和2000年进行对比，四年制大学毕业的女生数量增加了大约10万人，上涨了1.9倍。2000年春季毕业的大学生中，大约有4.7万名女生找不到工作，有1.1万人从事的是全职以外的工作。仅女毕业生的数量，就比10年前增加了10万人。大学毕业生就业难确实能够从一个侧面反映出经济不景气的问题，但大学毕业生数量上的巨大变化也是值得考虑的重要因素。

　　然而，在讨论女性大学毕业生就业难问题的时候，人们往往会忽视掉这个最基本的事实。如果一说起"女毕业生就业难"就只能看到"歧视女性"（当然，这个因素也是存在的）这一个侧面，则无法看到组成问题的另一个侧面的基本事实。

　　像这样将目光放在事物两个（或两个以上）要素之间相互关联的地方，我们就可以获得从多元的角度观察事物的视角。就像是数学中矢量的概念，我们眼前的现象，实际上是多个力（矢量）的集合体展现出的单一姿态。只要认清了这一点，我们关注的目光自然会落在"组成现象的多个要素"和"要素之间的关联"等问题上。

　　我们再来看一个事例，请大家思考"过劳死"的问题。

　　过劳死这个现象，是因超负荷劳动导致人（劳动者）死亡这一事实，作为"问题"展现在我们眼前的。对于死去的当事人及其家人来说，这确实是一个非常严重的问题。而且，死亡也是千真万确的事实。但实际上，"过劳死"这个概念是站在"用人单位和劳动者双方的问题综合在一起导致的问题"的立场上对问题进行重新的思考之后才提出的概念。

　　像这样将"过劳死"分解为用人单位和劳动者两个要因之后，就可以找出当两者之间存在怎样的共同点时会导致出现"过劳死"的问题。导致劳动者过劳死的职场之中究竟存在怎样的问题？导致出现这种职场环境的原因是什么？在这样的职场中，为什么劳动者在健康受损的情况下仍然继续工作？对于"过劳死"的问题，不单方面地认为是"劳动者"的问题，而是对多个原因和问题进行综合性的思考，正是多元思考的第一步。

"过劳死"这个概念本身，为多元思考提供了必不可少的视角。与此同时，这个概念也是多元思考的结果。

在这个概念出现之前，因为超负荷劳动而导致死亡的事件几乎都被看作劳动者方面的问题，也就是"健康问题"，并没有被看作用人单位和劳动者双方的问题综合在一起导致的问题。但"过劳死"的概念出现之后，劳动者在工作中死亡的事件就不再是一个人"病死"的问题，而是超负荷劳动和工作压力大的职场与在健康受损的情况下仍然继续工作的劳动者相结合所导致的问题。换句话说，"过劳死"的概念将之前的个人问题转变为了社会问题。

像这样将眼前的问题看作由多个要因组成的集合体，可以使我们从更多的视角来审视问题。

可能有读者觉得前面举的这两个例子太简单了，不用我说你们也知道。但在我们面对实际问题的时候，往往会只关注其中的一点，而忽略对象是由两个（或以上）的要素所组成的这一事实。比如，提起女毕业生就业难便只想到性别歧视，就是因为忽视了隐藏在现象背后的要因之间存在的错综复杂的关系。

在这种时候，就需要将问题重新分解，将关注点放在组成问题的两个（或两个以上）要素上。如果是拥有多个侧面的现象，通过在不同的视角上对现象进行分析，就可以发现单一视角时无法发现的新问题。"任何现象的背后都隐藏着多个要素的相互作用"，可以说这是多元思考法的出发点。

重点内容

1. 思考眼前的问题（事象），是什么要因（要素）的组合（＝分解）。
2. 思考这些要因之间存在怎样的关系（＝找出相互作用）。
3. 思考问题在这些要因中处于什么位置（＝在整体脉络中的位置）。

（步骤2）　**在关系中把握事物**

实际上，这种关注事物多元性的看待问题的方法，与近年来社会科学提出的"关系论"十分相似。所谓关系论，是与传统的实体论相对的一种新看法。

关于这个概念的展开，最早可以追溯到马克思的"货币理论"。因为货币等于金钱，所以我们通常认为货币本身是有价值的。尤其是在使用黄金等贵金属当作货币的时代，人们往往利用贵金属本身的价值决定货币的价值。实体论就像判断黄金的价值一样，认为在事物之中一定存在某种拥有特点的实体。

但当纸币这种本身几乎毫无价值的货币出现之后，就很难在其中发现具有价值的实体。也就是说，纸币的价值只存在于人与人之间的交换"关系"之中，纸币只不过是将这种关系以肉眼可见的形式表现出来而已。

对于我们这些早已习惯了无现金交易的现代人来说，应该很容易理解这种在经济关系中产生的价值。谁也不会认为存折上的"数字"具有经济上的价值，也不会觉得信用卡这张小卡片本身拥有购买力。对于脱离了使用贵金属作为货币的经济生活的现代人来说，货币只不过是抽象的价值符号，支撑其价值的是经济体制——人与人之间的交换关系。

但仅仅拥有这种单纯的"知识"并不等于掌握了"多元思考"。只有将这种关系论的视角应用在思考之中，才能将知识充分地利用起来，实现多元思考。

那么，什么是关系论的多元思考呢？大家应该都听说过"干劲"这个词。不仅像货币那样与社会和经济有关的事物，就连"干劲"这种被看作人类特性的事物也经常被实体化。接下来我们以"干劲"为例，来看一看以实体论看待事物的方法和以关系论看待事物的方法之间有什么不同。

我们常说"那个人（那家伙、那孩子）没干劲"。无论是在公司里的上下级之间、家庭里的亲子之间，还是学校里的师生之间，"没干劲"都是很常见的问题。那么，"干劲"究竟存在于人的什么地方呢？当你觉得自己"有干劲"的时候，你认为这个"干劲"存在于自己的什么地方呢？

当我们说"有没有干劲"的时候，显然是将"干劲"看作一种个人的所有物，也就是将"干劲"这种心理特征当成了确实存在的事物。"加油""热情""兴趣、关注"都是一样的含义。在这种情况下，当我们面对涉及"干劲"的问题，就很容易从实体论的角度出发进行思考。

从实体论的角度来看，一个人如果没有"干劲"，就意味着他有缺陷，他甚至可能因此遭到抛弃。是否有干劲完全是个人的责任。

那要是从关系论的角度来看，又会有什么不同呢？会得出相同的结论吗？

从关系论的角度分析"干劲"的关键在于将"干劲"看作"人与人或者人与事物之间关系"的表示。从这个角度来看，一个人是否有干劲，就取决于这个人与对象人物或事件之间的关系。

比如这两种情况：一个在学习上完全没有"干劲"的学生，玩游戏的时候却"干劲"十足；在某个上司手下工作业绩十分平庸的员工，换了上司之后业绩立刻突飞猛进。由此可见，是否有干劲并不单纯地取决于个人，还受周围环境（关系）的影响。

站在这种关系论的角度上来看，"干劲"与其说是个人特性的问题，不如说是人与人或者人与事物之间关系的问题。每个人的性格都各不相同，在面对不同的人和事物时，有的人能够很快地建立起关系，而有的人则不能，于是前者看起来就显得有"干劲"，后者刚好相反。因此，关于"干劲"这个问题，虽然与个人性格也有关系，但如果只将其看作个人的所有物，那么干劲就属于无法改变的"实体"。而在加入关系论的视角之后，对和对方的关系、对某些对象采取的行动就会变得截然不同。

步骤3 利用关系论重新审视对偏差值教育的批判

我们来看一个更具有普遍性的社会问题事例。将关系论的方法应用在社会问题上，可以获得与实体论完全不同的视角。在这里我引用的事例是"偏差值"。

偏差值和前面提到的货币一样，其实是用来表示人与人之间关系的一种符号。针对学生群体进行考核，根据考试分数计算出平均值，再根据平均值计算出各自的分数位于整体的什么区间，这就是偏差值。也就是说，偏差值是只有在特定的学生群体中才有意义的数字，而且只是为了表示个人在群体中的"相对位置"。换句话说，偏差值就是在自己与其他学生的关系中表示的个人考试成绩。

与单纯地统计学生的分数和排名的方法相比，偏差值在确定学生于群体中所处的位置时是非常有效且准确的方法。偏差值的出现使升学指导的方法发生了巨大的改变。学校教育从完全依赖升学指导教师的经验和直觉的时代，进入到可以通过具体的数字来计算合格可能性的时代。有了偏差值之后，教师和学生就可以根据偏差值来预测能进入什么学校。

当然，最终做决定的还是教师、学生以及学生家长。偏差值只不过是填报志愿时有力的参考资料罢了。但学校"让所有人都合格"的教育方针以及学生和家长们对于成功升学的迫切心情，使得大家都过于依赖偏差值，就好像偏差值是决定升学的关键一样。结果，偏差值被广泛应用于升学指导之中，甚至有舆论认为偏差值已经成为束缚学生的实体枷锁。世间普遍将偏差值看作一个个实体，"偏差值教育"也成了日本教育独有的特征。

那么，将偏差值看作实体的话，会发生什么情况呢？为了找出实体论与关系论之间的差异，我们来思考一下这个问题。

将偏差值看作难以改变的实体所导致的问题，经常成为"偏差值教育批判"的对象。一篇以《数字的选拔使学校窒息》（《朝日新闻》1995 年 7 月 15 日朝刊）为题的文章，就是其中的典型。这篇文章的逻辑展开如下：

> "计算机上开始出现偏差值的数据，在'准确、公平'的外衣下，成为学生决定志愿校的绝对标准。"
>
> "教师根据偏差值将学生划分为三六九等。"
>
> "不擅长主科，但在音乐、美术、体育等方面拥有特长的学生和不擅长死记硬背的学生都被打上差生的烙印。在自己并不感兴趣的高中虚度光阴，甚至有许多学生中途退学。"

某教育学家甚至还提出了以下的观点：

> 偏差值只能用来检测记忆力、大脑的思考速度以及忍耐力这三种能力。但偏差值的竞争使学生的价值被统一化，除了上述三种能力之外的能力都得不到评价。

偏差值之所以会变成"决定升学的绝对标准"和"划分学生

优劣的标准"，就是因为人们将其看作难以改变的实体。本来偏差值从统计学的角度上来说只不过是相对的基准，因使用方法不同，其所拥有的意义和发挥的作用也各不相同。但被应用在升学指导之中的偏差值却变成了能够决定学生一生的数字。

这种将偏差值看作实体的思考方法，导致偏差值被看作造成"不擅长主科，但在音乐、美术、体育等方面拥有特长的学生和不擅长死记硬背的学生都被打上差生的烙印。在自己并不感兴趣的高中虚度光阴，甚至有许多学生中途退学"等教育问题的元凶。

而且，这种偏差值等同实体论的思考方法也使人忘记了偏差值原本只不过是一种用于进行统计的单位。比如：身高和体重可以用偏差值来表示；测试思考能力而非记忆能力的考试，其分数也可以用偏差值来表示。

然而，当传统的以知识为中心的考试率先导入了偏差值的概念之后，这个概念就偏离了原本的意义，又增加了许多其他的意义。结果就正如"偏差值只能用来检测记忆力、大脑的思考速度以及忍耐力这三种能力。但偏差值的竞争使学生的价值被统一化，除了上述三种能力之外的能力都得不到评价"这句话所表示的那样，原本并非用来评估考试内容，只是得分的表示方法的偏差值却成了问题。

这种思考方法再向更极端的方向发展下去，就会变成"只要消除偏差值，就能解决教育问题"的思想。不考虑隐藏在偏差值背后的错综复杂的关系，只将偏差值本身当作问题单独提取出来。

货币的存在，使人产生出对金钱的欲望，导致出现贫富差距，甚至产生出经济至上主义的思想——"金钱是万恶之源"。货币是导致社会问题的元凶，所以只要消除货币，所有的问题都将解决。恐怕没有人这样想吧？因为我们都知道货币只有在人类的经济关系中才具有价值。

但人们对偏差值的认知显然不像对货币那么熟悉，所以"只要消除偏差值……"的思想变成了现实。想必很多人对日本1995年发生的从公立学校废除偏差值的事件还留有印象吧。

公立中学废除偏差值之后，中学的升学指导中确实不再使用偏差值了。但这就意味着升学考试不再依靠学习能力来优胜劣汰了吗？答案显然是否定的。如今仍然有很多参加补习班和预备校的考生在继续使用偏差值。而且，公立中学为了表示学生在集体中处于什么位置，采用了一个类似的指标（但准确度相差很多）来取代偏差值。就算偏差值没有了，一样有类似的东西取而代之。由此可见，之前催生出偏差值这个符号并赋予其意义的人与人之间的关系本身没有发生任何改变。

问题的关键在于考试的内容、升学考试这种选拔方式以及升学指导的方法。应该改变的是这些围绕在学生身边的关系。然而站在实体论的角度上对偏差值进行的批判却只看到偏差值的问题，完全没有意识到隐藏在偏差值背后的这些错综复杂的关系。

而且，像这样将注意力都集中在偏差值上，真正能够改变升学考试影响力的要素反而被忽视了，比如考试的题目（如何检测记忆力之外的思考能力）和评分的方法（每一分都有严格的评判标准还是可以自由地评分）。如果能更认真地设计考试的题目，那么应试学习的意义或许也会随之改变，但世人却从不考虑这一点，只想着如何"消除偏差值"。将诞生于关系之中的符号（偏差值）看作实体，并想尽一切办法将其消除，反而说明人们被偏差值所左右。

现在有个词叫"数字失控"。人们被偏差值所左右，正说明偏差值这个数字已经开始"失控"。

除了货币和偏差值之外，还有因为实体化而开始失控的事物。比如"权力"。我们常说"那个人手中掌握着巨大的权力"，这种说法本身就和货币与偏差值一样，将权力从人与人之间的关系之中单独抽离出来，将其看作属于个人的实体。但权力本身只不过是通过人与人之间的关系才能表现出来的抽象概念罢了。有人下达命令，有人服从命令。从旁观者的角度来看这种人与人之间的关系，下达命令的一方显然"拥有权力"。但如果其他人不服从命令的话，权力也会随之消失。

大家在日本电视剧里经常见到的"水户黄门"的印就可以说是权力的象征。在故事接近尾声的时候，格之进和助三郎会拿出印厉声喝道："大胆，你们知道这位大人是谁吗？这位是中纳言副将军水户光国公。"结果之前还拔刀相向的坏人们立刻放下手中的武器，跪在地上向印的权威俯首称臣。但如果坏人们觉得自己反正也难逃一死，不如拼到最后，那么水户黄门的印就失去了威力。也就是说，副将军的权力并不是作为实体存在于印之中，只有其他人听命于他，这种权力才有意义。

当然，在现实社会之中，由于人与人之间存在着更加错综复杂的关系，很多人害怕一时违背命令会面临秋后算账，所以权力没那么容易露出马脚。但权力终究只是人与人之间关系的一种模式，在实体论的影响下，才像是属于个人和地位的实体而表现出来。

产品开发中经常提到的产品魅力，也是实体化的例子之一。产品吸引消费者的能力，被称为产品的"魅力"。但事实上，产品的魅力是由产品和消费者之间的关系决定的。无论是功能上还是设计上的价值，都是由消费者赋予的。从产品的角度来说，我们经常会用"这款产品有魅力"这种实体论的表达方式。

大家对"传呼机"还有印象吗？通过思考"传呼机"这种产品的魅力，就可以发现实体论的局限性。对于开发这款产品的人来说，传呼机的数字表示功能是用来告诉使用者应该给什么号码回电话。但这种数字表示的功能由于被赋予了完全不同的意义，使得"传呼机"具备了特殊的"魅力"。在日本女高中生之间，经常使用"0840（早上好）"之类的数字来进行交流。对女高中生来说，传呼机的魅力和开发者赋予传呼机的魅力完全不同。这个例子非常充分地证明了"产品的魅力"并不是由产品的属性决定的，而是由产品和消费者之间的关系决定的。

(步骤4) 阻止"失控"的方法

那么，要如何阻止出现"失控"的情况呢？

正如前文中偏差值的事例中所表示的那样，数字的意义是由其所在的社会关系决定的。但从实体论的角度来看，赋予数字意义的关系很容易遭到忽视，而数字本身则好像拥有意义一样被实体化。因此，要想阻止数字的失控，关键就在于关注赋予数字意义的关系，然后以此为基础重新思考数字的意义。

在现实生活中，"数字失控"的例子简直不胜枚举。1996年，日本因为"住专问题①"引发广泛讨论的6850亿日元财政援助，就是在没有公布预算根据也没有经过议会讨论的情况下，直接转化为是否应该通过法案的政治斗争。6850亿日元这个数字被批评超出了经济损失的客观意义，混入了各种政治上的考量。

所谓"政治上的考量"，指的正是赋予这个数字意义的各种各样社会关系的总称。这究竟意味着什么呢？考虑到在此之后日本政府用于帮助大型都市银行处理不良债权的资金累计高达7.5兆日元的事实，不难看出当初住专问题的"小数字"究竟有多么失控。

确定数字的根据何在？只有将关注的目光放在这一点上面，才能阻止数字的失控。无论是6850亿日元还是7.5兆日元，在得出这些数字之前的过程中，究竟都发生了什么？这其中肯定不只有政治上的博弈，还有金融行业和官僚之间、产业与日本政府机构之间错综复杂的势力关系。既然如此，只要将关注的重点放在各机构之间的势力关系上，就能够防止出现数字失控的情况。

会失控的不止数字。符号、概念以及规则等都有可能失控。

① 指日本7家住宅金融专业公司为牟取暴利，利用城市银行、证券公司等300多家金融机构的资金向房地产业大量放贷，从而产生了8兆日元的巨额风险债权。——编者注

特别是规则，一旦被制定出来之后就很容易失控。本来规则是为了某种目的而制定出来的，结果遵守规则变成了目的。这样一来，就很容易因为"必须遵守规则，所以没办法……"之类的理由停止思考。

比如，日本著名相扑选手贵之花在冲击横纲资格时因为没有得到横纲审议会的通过而失去了晋升横纲的机会，这件事相信很多人应该还有印象吧。当时，报纸上有这样一篇报道。

例文　"贵之花晋升失败，规则失控的疑问"

……横纲审议委员会成立于1950年。当时的审议规则里有这样一句话"大关级别连续取得两场优胜或与之相似的优异成绩"。制定规则的是当时相扑协会的评议员。他本人表示"这只是一个大致的标准，并非严格的规定"。在进行审议的时候应该从多个角度出发来进行考量。但后来这项规则逐渐失控，只要能够取得上述成绩就自动被看作横纲[①]，反之则像这次这样无法取得资格。（波多野亮，《朝日新闻》1994年9月30日朝刊）

---

① 横纲是日本相扑运动员资格的最高级。——编者注

原本只是一个大致标准的规则，随着知道内幕的人越来越少，这项规则就变成了严格的标准。在组织之中，这样的情况十分常见。一件事情只要有前例可循，那么再遇到类似的事情时就按照相同的方式处理。但前例发生时的细节和解决问题时的逻辑，和后来发生的类似事情不一定完全相同。但如果将"前例"实体化，而忽视了细节和逻辑的变化，那么前例就会失控。

因此，为了站在关系论的立场上对事物进行多元思考，就必须思考如何阻止数字、符号、概念以及规则的失控。只有做到这一点，我们才能避免陷入实体化的误区，通过将目光放在事物的关系上，找到从多个不同角度对事物进行思考的突破口。也就是说，回到失控的符号和规则被实体化的原点，就能找到阻止失控的办法。

（步骤5） 利用关系论看待事物的关键

那么，具体应该怎么做，才能从多元的角度重新审视被实体化后失控的事物呢？代替实体论，利用关系论看待事物的关键在于以下两点：

1. 用"××化"（强调××实现的过程）来思考问题。→不要将××当作主语。

2. 关注事物的关系，把握发展的过程。→将××当作述语。在这种情况下，还要注意关系的变化。→回到最初的原点重新审视现状。

首先，不能只关注对象事物本身，而是要将其××化（用英语来说就是××-zation），也就是将其看作"达到××的过程"。不一定每次都要在后面加上"化"这个字，但在意识上要关注过程，比如"偏差值教育"的问题就是"偏差值教育化"，某规则的问题就是"规则化"，基地的问题就是"基地化"，差额费用的问题就是"差额化"，干劲的问题就是"消极化"，环境污染的问题就是"污染化或被污染"。总之，不能将某状态直接当成问题，而是要关注导致其成为问题的过程。这和本章一开头所说的将事物看作"矢量集合体"的方法基本一致。以偏差值为例，偏差值教育这种情况究竟是如何产生的？其结果具有怎样的意义？上述问题都属于"偏差值教育化"的过程。

在通过"××化"对问题进行重新审视的时候，还要注意尽量不要将实体化的事态作为思考的主语。一旦将其作为主语，就很容易产生出实体化的事态本身是引发问题的主体的看法。比如，遇到"偏差值使教育变得扭曲""偏差值教育是导致霸凌的原因"等表现方式的时候就要特别注意。与之相同的还有"IT改变时代""互联网改变企业经营方式"等。上述例子中的"IT"和"互联网"就很有可能属于实体论看待问题的方式。

当我们使用这些实体化的"魔咒"时，其实对这些词是似懂非懂的。越是在这种时候，越要将这些词从主语的位置上拉下来，避免在实体化的角度上思考忽视事物的关系性。

以互联网为例，应该尽量使用"互联网化"和"IT化"的说法。所谓互联网化，指的是全世界的计算机都通过网络连接起来（这件事本身只不过是完善了硬件方面的基础设施建设而已），使个人间、组织间产生出新关系的过程。站在这种关系论的角度对事物重新进行审视，就能够将关注的目光放在计算机背后的组织、个人以及信息之间的关系上。"全世界的计算机都通过网络连接起来的状态"或者"所有的信息都通过数字化流动、结合的状态"（不使用"互联网"和"IT"的表现方法，也属于我在第三章专栏中提到过的"禁用语"）能够产生怎样的新关系？在这种全新的关系之中，企业和NPO等组织及个人应该采取怎样的行动之类的想法。如果将"互联网"和"IT"作为主语，将其看作无法改变的实体，而将自己放在受其影响的立场上进行思考的话，产生出的想法肯定截然不同吧。

其次，通过将关注点放在过程上，可以发现要素之间存在怎样的关系。这就相当于思考"××化"的主语究竟是什么。以偏差值为例，"教师根据偏差值将学生划分为三六九等"这种看法给偏差值赋予特定的意义（划分学生的工具），会导致教师与学生之间出现什么样的关系？这种师生关系与升学考试等选拔制度（社会关系）之间又存在什么样的关系？

比如，在中学进行升学指导时，希望所有学生都顺利升学的教师与希望自己能够通过考试的学生及其家长，给偏差值赋予了特殊的意义，导致偏差值教育化。当然，教师和家长只是要素之一，失败之后就没有第二次机会的升学考试制度也是导致偏差值教育化的重要因素。教师、学生、家长、高中、将考试商品化的应试产业……这些都可以成为偏差值教育化的主语。将关注点放在"这些主语在怎样的关系作用下导致偏差值教育化"之上，就不会将偏差值教育实体化，产生出只要消灭偏差值就可以解决教育问题这种单纯的想法了。

总而言之，想要了解被实体化的事物发生了怎样的变化，有着怎样的状态，可以使用"××化"这种说法，以及寻找成为"××化"的主语（原因）。只要将问题在关系的级别上重新进行分解，就能极大地避免陷入实体化思考的误区。

此外还有一点需要注意，那就是要素之间的关系并非一成不变的。还是以偏差值为例，偏差值成为日本社会问题的20世纪70年代的高中入学考试状况与现代的教育环境之间，存在着巨大的差异。日本的青少年人口大幅减少，公立学校与私立学校之间的关系也发生了改变。学历也不像曾经那样拥有绝对的价值。"有特色的高中"不断增加。随着学生与学校所处的环境发生变化，利用偏差值进行"学力评价"的意义也会发生变化。

以"干劲"为例的话，将"为公司奉献一切"看作美德的时代，认为员工应该更重视个人生活的20世纪90年代，以及雇佣更加流动化和不稳定化的现今，企业和社会赋予"干劲"的意义也各不相同。像这样，创造出某些事物，不仅要关注赋予其意义的关系，还要将这样的关系本身有怎样的变化视为问题，我们才能思考实体化的看待事物的方式，以及事态根深蒂固的程度。

2 发现悖论

步骤1 关注"意料之外的结果"

大学时选修了社会学的人，一定听说过马克斯·韦伯的《新教伦理与资本主义精神》（原著发表于1920年）。这是一篇认为新教"禁欲"的教义催生西欧资本主义发展的社会学经典作品。韦伯的研究之所以被奉为经典，是因为对当时的人来说，他的思想完全超出了"常识"。

说起资本主义，很多人首先想到的肯定是赚钱、吃好吃的、穿漂亮的衣服、住在大房子里，等等。为了追求这种奢侈生活，人们想办法赚钱，最终创造出资本主义的经济体制。即便在现代，我们对资本主义的理解仍然是"追求奢侈生活→赚钱→资本主义诞生"。

在韦伯发表研究结果的时代，同样存在这样的"常识"。但韦伯却产生出了与这个常识完全不同的想法。也就是说，韦伯认为与追求奢侈的生活相反，是追求勤俭节约的"禁欲"的生活态度催生出了资本主义。碍于篇幅限制本书不做具体的说明，将韦伯的理论简单地总结一下，大概包括以下内容：

在追求禁欲生活的新教教义的指导下，人们形成了以勤俭节约为宗旨的"合理的"生活态度。这种生活态度创造出了"有计划地、合理地"经营企业的精神基础，而禁欲且合理的勤劳，正是促使近代资本主义诞生的重要条件。

马克斯·韦伯的《新教伦理与资本主义精神》颠覆了当时人们普遍相信的常识，为人们提供了一种全新的视角。而他颠覆常识的方法，用一句话来概括就是多元思考的第二种方法——"发现悖论"。

日语词典《广辞苑》对"悖论"的解释是"与普遍真理不同却道出另一方面真理的理论。或者看似违背真理，仔细分析却属于真理的理论"。韦伯的观点虽然违背了普遍真理（常识），却比常识（赚钱的动机导致资本主义诞生）更有说服力。虽然看似"出乎意料"，但实际上却是提出了一个很有说服力的观点。

韦伯的"发现悖论"为我们掌握多元思考提供了一个非常重要的提示，那就是颠覆常识，掌握新的看法。在提示掌握多元思考法的方法这一点上，关注韦伯的悖论也能够有很多收获。用韦伯自己的话来说就是"关注意料之外的结果"。也就是说，要想发现悖论，最有效的方法就是将着眼点放在"意料之外的结果"上。

什么是"意料之外的结果"呢？

新教徒们纯粹只是出于宗教上的理由追求勤俭节约的禁欲生活，而不是为了开创资本主义。也就是说，新教的教义根本不是为了开创资本主义而提出的。不仅如此，从后来资本主义的发展来看，资本主义也与"禁欲"的教义完全相反。

然而，新教的禁欲伦理却意外地催生出了资本主义的精神。韦伯正是因为揭示了这一催生出意料之外结果的逻辑悖论，所以他的研究才被奉为经典。

偏离原本的意图，取得与当初的目标不同的结果——有时候甚至是完全相反的结果。只要仔细观察，就会发现在我们的社会中类似这样的悖论无处不在。关注悖论之所以能够促进多元思考，是因为悖论揭示了事物出现"意料之外结果"的过程。因此，悖论可以帮助我们重新审视事物。这就是多元思考的第二个方法。

步骤2　比较最初的目标与实际情况

那么，要如何找出"意料之外的结果"呢？最直观的办法是注意"然而"这个词。比如"最初是××。然而，变成了△△"，只要找出能用"然而"这个词连接的两个事物，就能发现事态的反转。也就是说，通过找出各种不同类型的"然而"，就能发现悖论的关系。

接下来，我将通过具体的事例来为大家说明发现"然而"的方法。

（1）关注副产物与副作用

第一种类型的"然而"，是通过产生与最初的想法不同的副产物引发悖论关系的情况。前文中提到的韦伯的《新教伦理与资本主义精神》就是最好的示例。提倡禁欲的新教教义，催生出提倡合理的生活态度与组织经营方式的副产物，结果发展成资本主义诞生的精神基础。这完全是出乎意料的结果。用药物来比喻的话，就相当于除了治疗疾病的主要目的之外，还造成了其他的副作用。

这种副产物造成意料之外结果的事例并不少见。我们身边就有很多类似的例子，比如日本政府大力推行半透明的垃圾袋就产生了副产物。东京都要求市民使用半透明的垃圾袋，结果导致乌鸦大量增加。因为使用半透明的垃圾袋之后，可以从外面看出哪个垃圾袋里装的是食物，结果拥有敏锐视觉的乌鸦的数量也随之增加。市政府之所以要求市民使用半透明的垃圾袋，是为了改变市民扔垃圾的意识，达到减少垃圾数量的目的。然而，这种措施却导致了意料之外的结果，使城市中乌鸦的生态系统发生了变化。

除了主产物之外，带来两种甚至更多副产物的情况也有很多。曾经在出现重大案件之后，为了加强戒备，警方在整个市区实行交通管制并安排警力对过往车辆进行排查。结果除了逮捕犯人这个主要目的之外，还带来了减少违章驾驶和交通事故这些意料之外的副产物。

假设多年之后有人调查违章驾驶的数据，结果发现其中有一年违章驾驶的数量很少。如果这个人认为违章驾驶数量减少的原因是驾驶员更加重视安全驾驶，那就是一种误解。事实上，该年度违章驾驶数量减少，只是警方侦查重大案件的副产物罢了。

副产物不一定总是像这样会带来好的结果。比如近年来学生大量参加补习班的问题，不能完全在家长希望孩子能考个好成绩的心情（目的）上找原因。这其中还有学校教育改革带来的"意料之外的结果"。

究竟是怎么回事呢？在30多年之前，日本的公立中学会利用晚上放学后和早晨上课之前的时间为即将参加升学考试的学生进行补习。学校向学生家长收取费用，安排教师为学生们进行在校补习。但在应试教育遭到全社会舆论批判的时候，公立中学对学生进行补课的行为也遭到了批判。结果中学为了减轻学生负担，只能停止对学生进行补课。

然而，学校方面的这个决定却带来了校外补习班数量急剧增加的结果。从这个意义上来说，现在异常火爆的补习班，完全是中学取消在校补习的副产物。学校确实通过取消补习减轻了学生负担。然而，应试教育仍然在学校以外的地方顽强地存活着。

将注意力放在"意料之外的结果"上，就会发现眼前的事态可能是其他事物的副产物。也就是说，眼前的事态并不是主要目的所导致的，可能是乍看起来毫无关系的事物所导致的副产物。

比如补习班的例子，造成现如今补习班异常火爆的原因似乎是"家长希望提高孩子在升学考试中的竞争力"，但要想发现悖论，就必须将目光转向其他的方面（乍看起来毫无关系的事物，甚至与其完全相反的事物），思考事物成立和发展的过程。这种情况下，即便对于看起来毫无关系的事物，或是完全相反的事物，也要尽量拓宽视野去看待。要想发现隐藏在关系之中的悖论，只能从意料之外的影响关系中寻找线索。

（2）关注政策和规则的漏洞

有些原本是为了改善事态而提出的政策或制定的规则，反而被别有用心的人利用漏洞钻了空子，最终导致与政策或规则最初的意图完全不同，甚至比之前更加糟糕的结果。像这样的案例，无论最初制定规则的人的本意如何，都导致了"讽刺的结果"。

比如，我研究过的日本几年前被废除的"就职协议"就是一个典型的例子。所谓就职协议，指的是规定找工作的大学生与企业之间关于何时开始面试、何时决定录用等内容的君子协议。

政府之所以制定这个政策，是因为如果允许企业自由招聘，就会导致优良企业只招收名牌大学的毕业生，而其他大学的毕业生无法进入优良企业的就职歧视问题。因此，通过统一面试开始时间和录用时间，可以避免出现上述不公平的情况，这就是"就职协议"制度。也就是说，规定"就职＝企业录用的起跑线"，这是以"公平的就职＝创造企业录用"为出发点制定的规则。然而，有一些企业和学生利用巧妙的方法找到了这个政策的漏洞，结果导致和政府当初的意图完全不同的结果。确实，在这个政策的管控下，企业的官方招聘负责人与学生之间的接触在一定程度上受到了限制。提前录用的现象也基本消失。但这个政策有一个漏洞，那就是可以利用往届毕业生对应届毕业生进行招聘。

学生找已经毕业的学长咨询就职相关的问题，政府有什么理由禁止呢？往届毕业生对应届毕业生进行招聘的行为不属于企业与学生之间的正式接触，因此大企业与特定大学之间普遍利用这种方法来规避就职协议的限制。结果，没有学长可以咨询的大学的毕业生，就算与其他大学的毕业生同一时期开始找工作，也一样无法得到特定企业的面试机会。

根据我之前的调查，不同大学的毕业生所能够接触到的已经毕业的学长的人数也各不相同，这个数量上的差异与毕业生能够应聘成功的企业规模之间存在着因果关系（苅谷刚彦编《从大学到就业》）。这种利用往届毕业生招聘应届毕业生的方法，巧妙地帮助特定的大学与企业之间建立起了联系，最终导致了与就职协议最初"保证就职公平"的意图完全相反的结果。

于是，人们又开始觉得"只要废除就职协议，任何人都可以自由地和企业接触，这样就能实现就职公平了"。但这样真的能够消除就职歧视吗？在表面公平的背后，肯定还有个别企业和学生在暗地里行动吧。

再来看一个政策存在漏洞的事例。这个事例也和应试教育有关。在距今大约二三十年前，日本的社会舆论对应试教育进行了猛烈的抨击，认为应试教育是导致学校教育扭曲的罪魁祸首。为了解决这个问题，政府决定尽可能缩小高中之间的差异。政府认为，应试竞争之所以愈演愈烈，是因为重点高中和普通高中之间就像金字塔的顶端和底部一样存在着巨大的差异。

于是，以东京为首的许多县都推出了缩小公立高中差异的政策。这个政策的具体内容是，将许多个高中组成一个学区，考生不被单一的学校录取，考试合格者被整个学区录取（被称为学区或者综合选拔制度）。

　　这项政策推出之后，公立高中之间的差异确实明显缩小了。像日比谷高中这样以前东京的著名重点高中，一下子就变成了普通高中。而且，学生们的考试压力也比之前小了很多。

　　但与此同时，那些想将自己的孩子送到重点学校的父母们，则在公立高中改革后纷纷以将自己的孩子送到私立和国立高中为目标。因为这些家长希望自己的孩子们能够在大学考试中占据有利的地位。结果，私立和国立高中的应试竞争变得更加激烈，这种竞争甚至蔓延到了小升初的升学考试中，导致应试竞争向低龄化发展这一意料之外的结果。之所以会出现这种局面，是因为政府以为只要解决了公立高中的问题就万事大吉，却没想到还有私立和国立高中可以让学生"钻空子"。2002年开始正式执行的"素质教育"与之有很多相似之处。

　　如今，东京政府又开始尝试恢复东京的重点高中，开始推行学生可以自由报考任一高中的改革。这项政策又会带来怎样的结果呢？让我们拭目以待。

　　通过上述事例可以看出，找出政策和规则的漏洞，检查是否能够导致意料之外的结果，可以为我们提供发现"然而"的线索。在面对规则时，如果只想着遵守规则，那就只能看到事物的一面。在遵守规则的同时，也要思考是否能够找到漏洞，以及这个漏洞是否能够给某些人带来好处。通过关注"漏洞"，我们可以发现悖论关系，实现多元思考。

（3）以小见大

石油危机爆发的时候，曾经出现过日本全国抢购卫生纸的事件，大家应该还有印象吧。因为石油价格暴涨，很多产品的价格也都随之上涨。不知道从什么地方传出"卫生纸要缺货"的消息。尽管市场上卫生纸的库存很充足，但很多人都相信了这个传言并开始抢购卫生纸。结果"卫生纸要缺货"这个毫无根据的信息硬是被抢购卫生纸的市民们变成了现实。

对于每一个抢购卫生纸的市民来说，没有卫生纸会给生活带来巨大的不便，所以他们才急忙去抢购卫生纸，这可以说是非常合理的行为。但每个人的行动集合到一起，导致整个市场出现"缺货"的情况，反而给人们的生活带来了麻烦。

第三种类型的"然而"，就是这种个人采取的行动，给集体带来与个人意图完全相反的结果。"我本打算××。然而，集体最后却变成了△△"。

这种个人和集体之间的悖论关系，在被称为"零和博弈"的竞争状态中十分常见。所谓零和博弈，指的是只要有人胜利，就一定有人失败的博弈。

最典型的例子就是升学考试。因为合格者的数量是固定的，所以没达到录取分数线的人全都属于不合格。在这种情况下，对于每一个考生来说，尽可能提高自己的分数是合格的必要条件。那要是每个人都为了取得更高的分数而努力学习会出现什么结果呢？结果当然是录取分数线也跟着水涨船高，于是考生们必须更加努力学习，取得更高的分数。

　　每一名考生都为了考试合格而努力学习，结果却导致录取分数线升高这一意料之外的结果。每个人都努力学习→竞争激化→个人必须更加努力→竞争更加激化，竞争状态愈演愈烈，每个人都深陷其中无法自拔。这简直就是一种恶性循环（如果完全与之相反，降低入学考试的难度，也可能会导致学生们都不学习的恶性循环）。

　　明明有带薪休假却一直没机会实现的情况，虽然不属于零和博弈，但也可以算是这一类型的变种。自己休假会给职场里的其他同事带来麻烦。特别是连上司都没休假，身为部下的自己更不好意思休假。本来每个人都想带薪休假，却因为害怕给别人添麻烦，结果谁也没休假。久而久之，不休带薪假变成了职场中的常态，再想休假就更难了。这种恶性循环也体现出了个人与集体之间的偏差。

　　要想找出第三种类型的悖论关系，关键在于关注个人的意图与行动的结果之间存在什么区别。个人的意图是什么？当每个人都采取同样的行动之后，带来的结果对个人来说具有怎样的意义？首先要将个人的情况与集体的行动区分开。

　　接下来，需要思考集体的行动对个人的行动产生了什么影响。以带薪休假为例，如果员工们相互牵制都不休假，那要怎样才能实现带薪休假呢（→无法休假）？为了解决这个问题，应该如何消除个人的意图与集体结果之间的偏差呢？这些都是值得思考的问题。

　　当遇到"明知不对却停不下来"的事态时，就应该将关注的重点放在个人的行动与集体结果之间的循环关系上。哪怕是一件很小的事，如果大量地积累起来，也会引发质变。通过上述事例，我们可以发现这种以小见大的多元思考方法。在绝大多数情况下，只要整个集体一起努力做出改变，就能从循环的关系中挣脱出来。

（4）成真的预言和没成真的预言

有时候，我们会预测接下来即将发生的事情，然后思考一旦事情发生应该如何应对。用夸张一点的说法，这种预测相当于对未来的一种预言。第四种"然而"，就是围绕这种预言展开的关系。

前文中提到的卫生纸事例，也可以看作这种围绕预言的悖论关系的例子。如果面对原本毫无根据的"卫生纸要缺货"这一预测，人们能够采取冷静的对策，那么这个预测很有可能成为不准确的预言。然而，相信这一预言的人们采取的行动，却导致这个预言变成了现实。也就是说，预言造成了缺货的现象。

类似这样的现象被称为"预言的自我实现"。预言本身对事物的发展造成了影响，促成了预言的实现。因为传闻导致金融机构出现挤兑风波的情况就是最典型的事例。听说"××银行要倒闭"的传闻，人们纷纷到那个银行将自己的存款取出来。一旦出现这样的情况，即便最初的传闻（预言）本身毫无根据，相信了这个传闻的人所采取的行动也会使这个传闻变成现实。

与之相反，也有因为预言改变事态，导致预言错误的情况。比如，某政府部门对今后的经济发展进行预测时说"××可能出现供大于求的局面"。如果听到这个信息的生产者都为了避免出现损失而减少产量，可能反而会出现供不应求的局面。这就是预言本身对事物发展造成影响，导致预言错误。

这种情况有一个非常著名的事例，那就是马克思对共产主义革命的预测。马克思根据自己对19世纪资本主义实际情况进行分析，认为资本主义继续照这样发展下去，必将导致劳动者陷入极度贫困，因此他预测将来会爆发革命。他在1848年发表的《共产党宣言》中明确地"预言"了爆发共产主义革命是历史的必然。

他的预言使当时的资本家和政府首脑对革命的威胁产生了恐惧，于是，资本家与政府一边镇压共产主义者，一边开始导入"福利国家政策"。通过缩短劳动时间、增加工资、改善工厂内部环境、禁止儿童劳动等措施，改善劳动者的生活状态。在社会福利政策的影响下，贫困阶级得到了一定程度的保护。资本家和政府通过避免使劳动者陷入极度贫困，防止了革命的爆发。

结果，许多资本主义国家都因此逃过一劫。马克思的预言迫使资本主义国家采取新的应对措施，结果他的预言没有成真。虽然马克思的预言具有一定的根据，然而，他的预言本身让事态发生了改变。

要想发现这种类型的"然而"，只要关注人们对预言和预测会做出何种解释以及采取什么行动即可。如果只看预言是否成真，属于只看表面的二元思考方式。要想实现多元思考，就必须关注预言本身会对人们的行动造成怎样的影响。这样我们才能知道最终的结果究竟是通过怎样的过程实现的。

更进一步说，当知道这种预言的悖论关系之后，我们在发表意见的时候，就必须考虑自己说的话可能会造成怎样的影响。即便是自己认为正确的预测，将其说出来这种行为也可能会对预测的结果造成影响。

在本节中，我主要从"结果"的角度说明了如何把握悖论的关系。这是针对已经取得结果的对象发现悖论关系的方法。但将目光放在悖论关系上，也有助于帮助我们思考接下来应该怎么做。本节介绍的4种类型的"然而"，可以总结为以下几点。

重点内容

1. 思考即将采取的行动可能产生什么副产物。必须全面地考虑可能出现的副产物与副作用，在确认副产物不会对最初的意图造成负面影响之后再采取行动。
2. 思考即将采取的对策是否存在漏洞。如果存在漏洞的话，会被什么样的人利用，以及这些人的行为会给最初的计划带来怎样的影响。
3. 思考如果很多人都采取同样的行动会造成怎样的影响。在其他人和组织也采取同样行动的情况下，整体会受到什么影响，与最初的意图之间可能出现怎样的偏差。
4. 思考将计划和预测说出来，是否会给计划和预测造成影响。

3 针对问题提问

步骤1 问题的时效性

怎样才能不只看事物的表面，而能实现多元思考呢？在前文中，我主要以"如何看待问题"为中心，为大家介绍了相应的方法。

第一种方法是在关系中关注事物的多元性，第二种方法是通过关注"意料之外的结果"，以此来从多个视角上审视问题。

在本章的最后，我将为大家介绍多元思考的第三种方法，那就是从问题之中稍微偏离出来进行思考，也就是"针对问题提问"的方法。

即便是同样的事件和现象，在不同的时代和社会环境之中，应对方法也会有所不同。首先请看下面这两篇新闻报道。

例文 **两名青年因向后辈寻衅滋事被捕**

　　××署在24日因对他人存在暴力行为的嫌疑逮捕了××区无业青年A和学徒工B（两人都为17岁）。经调查，A于4月

23日下午2点左右，在同区JR黑崎站前偶遇三名中学时的低年级同学（现在就读高中一年级），并将三人诱骗到B的家中。然后伙同B对三人进行殴打，强迫三人下跪，威胁"交出10万日元"并抢走了1000日元现金。最后要求三人每人"带1万日元回来"后将三人放走。（《朝日新闻》1989年5月24日晚报）

例文 中学三年级学生伙同16岁少年向被霸凌的同学勒索100万日元遭到逮捕

××县警少年课与××署在10日以勒索罪逮捕了××市立中学的三年级学生（14岁）及其同伙无业少年（16岁）。二人向从小学开始就遭到霸凌的同学（14岁）共计勒索现金102万日元。经调查，二人事先制订了向被霸凌的同学勒索金钱的计划。从去年10月份开始，以"前辈要用钱"为由在校内及附近的停车场对同学进行殴打和恐吓，迫使其交出现金。最初被霸凌的同学交出10万日元，今年1月下旬又分三次被勒索13万日元、40万日元、39万日元，共计102万日元。

被勒索的少年从自己家的保险柜里拿出祖父的存折和印章，在银行取出现金并在校内交给嫌疑人。被勒索的现金则被嫌疑人用于吃喝玩乐。（时事通信新闻，1996年4月10日）

在这两篇文章中，犯罪嫌疑人都通过暴力对受害人进行了殴打并勒索金钱。一个是发生在1989年的事件，另一个则是发生在1996年的事件。在1996年的报道中，无论是标题还是正文，都使用了"霸凌"这个词。而1989年的报道中则没有用这种表现方法。1989年的事件可能是只发生了一次勒索事件。与之相对，1996年的事件则是在重复发生的"霸凌"基础之上演变成勒索事件。或者，即便是同样的暴力事件，但如果只从这两篇文章的表现方法上来看，被害人与加害人之间也存在着完全不同的关系。

但1996年的事件之所以强调"霸凌"的原因，在于从1994年开始，频发的"霸凌事件"再次得到全社会的关注。因为霸凌导致孩子自杀的事件经媒体大肆报道之后，针对青少年的暴力行为就都被称为"霸凌"。

大家可以试着在词典上寻找一下"霸凌"这个词，会有很耐人寻味的发现。在日语辞典《广辞苑》1976年版（第二版增补版）和1983年版（第三版）之中，都没有"霸凌"这个词。在这些版本中只有"欺凌"这个动词，解释也只有非常简单的一行字"使弱者痛苦"。而在1991年修订的第四版中则增加了"霸凌"这个词，而且添加了如下解释：

> 霸凌：欺凌的行为。特指在学校中对处于弱势群体的学生进行精神和肉体上的折磨。

这个例子很明显地表明了看待问题的方式，以及看待问题的视角所发生的变化。在"霸凌"这个概念确立的过程中，被这个概念照亮的问题也随之浮出水面。

由于青少年之间的关系愈发复杂，很多事情必须通过导入"霸凌"这个全新的概念才能加以解释。即便是乍看起来完全一致的勒索事件，其背后可能也隐藏着更加复杂的人际关系。因此，如果没有"霸凌"这个概念，我们可能就无法发现隐藏在问题更深层次内的原因。

但与此同时，当"霸凌"的概念普及后，类似的问题都可能会被看作与"霸凌"相关的事件。同样是利用暴力威胁他人勒索钱财的行为，应该看作"霸凌"，还是应该看作"违法犯罪"呢？这可以说超出了事件本身的性质，反映出我们看待问题的视角所发生的变化。

将时间再向前推一些，还能看到类似的变化。以前，有犯罪行为的少年被称为"不良少年"。但"不良"这个词好像是说这个人的人格存在缺陷，因此后来被"违法少年"这个称呼所取代。如果说"不良"是贴在个人身上的标签，那么"违法"就不是针对个人，而是更多地关注"行为"本身。

人们看待问题的视角之所以会出现这样的变化，是因为少年观发生了改变。正如"恨罪不恨人"这句话所说，人们并不认为少年本人是罪恶的，而是将关注的重点放在"犯罪行为（罪恶）"上。正是因为像这样看待青少年犯罪问题的视角发生了变化，所以对犯罪少年的称呼也从"不良"变成了"违法"。

最近甚至出现了从"违法"到"霸凌"的视角变化。从"霸凌"的角度来看，勒索钱财的青少年已经不属于"违法少年"，而是变成了"霸凌者"。之所以会发生这种变化，是因为人们不再将"违法"等个人行为看作问题，而是将关注的重点转移到了霸凌者和被霸凌者之间的人际关系上。

即便是同样的行动和事件，在不同的视角上看待问题，那么对问题的认识、讨论方法以及关注点也会发生变化。比如在关于霸凌事件的报道中，关注的重点主要集中在霸凌者与被霸凌者之间的关系以及被霸凌者上，而关于霸凌者的消息则少之又少。这与"不良"问题将关注重点放在加害者的生长环境和性格等个人要素上的情况形成鲜明对比。

同样是通过威胁索取钱财的情况，如果用"勒索"的表现方法，则强调了行为方的犯罪性，给人留下"罪恶"的印象。与之相对，如果用"霸凌"的表现方法，则会极大地减轻"罪恶"的印象，给人留下只是孩子之间人际关系问题的印象。这种不同的印象，有可能使问题有不同的解决方式。

如果是"勒索"的话，可能绝大多数人都会认为"必须严惩"。但"霸凌"往往被看作更复杂的人际关系问题，人们可能会思考"不应该过分苛责""需要心理疏导"这类改变人际关系的方法。

通过上述事例不难看出，当我们思考问题的时候，看问题的角度不同，问题给我们留下的印象以及解决问题的方式也不同。也就是说，当我们面对问题时，首先思考自己应该站在什么视角上看待问题，这种行为本身就是"针对问题提问"。

正所谓"不识庐山真面目，只缘身在此山中"。我们在思考问题的时候不能站在问题的漩涡中心，而是要站在与问题稍微偏离一些的角度来看待问题。我将这种视角称为"后续视角"。站在后续视角上看待问题，相当于对问题重新进行审视。

针对问题提问，站在后续视角上看待问题，这也是实现多元思考的方法之一。

（步骤2）　被创造的问题与被隐藏的问题

从这个角度来看待问题，就会发现我们眼前的各种问题，其实存在"被创造"的部分。当然，这里所说的"创造"并不是无中生有、完全虚构的创造。而是通过将关注点聚焦在特定的事件上，使其符合特定的解释，将其视为问题。

以前文中提到的"霸凌"问题为例，当"霸凌"的概念被提出来之后，这种偏离最初事件的视角就有可能出现"失控"的情况。比如像"勒索"这种性质比较严重的事件，也被归类于"霸凌"事件，采取和"霸凌"问题一样的应对措施。

或者还有这样的情况：随着霸凌问题得到广泛的关注，人们对霸凌愈发敏感。特别是出现孩子因为霸凌事件而自杀的严重问题之后，日本政府甚至专门出台了相应的制度，检查学校是否存在霸凌的现象。

结果，在此之前几乎不会引起注意的学生之间的普通争执也可能被看作"霸凌"。而且，学生本身也可能通过媒体对"霸凌"铺天盖地的报道，获得从"霸凌"的角度思考问题的视角。而在获得了"霸凌"的视角之后，无论是真正严重的霸凌问题，还是单纯的小孩子吵架，都会被同样归类于"霸凌"的概念之下。也就是说，在获得了"霸凌"的视角之后，一个孩子攻击另一个孩子的行为在绝大多数情况下都会被看作"霸凌问题"或者"霸凌事件"。

类似的情况也出现在"性骚扰"的事例之中。在获得"性骚扰"的视角之后，职场中男女之间的许多关系都被归类于"性骚扰"的概念之下。男性稍微表示出一些让女性认为是"玩笑"或者"嘲笑"的言行，都可能被扣上"性骚扰"的帽子。

对于女性来说，性骚扰在很久以前就是严重的"问题"。但男性和整个社会却直到最近才认识到这个问题。随着保护职场中女性人权的意识得到提高，越来越多的人认识到，之前在男性看来一些略微不谨慎的语言和行动，会给女性带来巨大的伤害。

我并不是说"有人擅自捏造问题"。我的意思是，通过将某种看待问题的视角分享给更多的人，使这种视角占据统治地位，就可以使这个问题得到重视。

换句话说，问题是否能够得到重视，不完全由问题的严重性决定。比如性骚扰，一直以来都是非常严重的问题，但在整个社会都意识到其严重性之前，这个问题一直都隐藏在水面之下，并没有得到应有的重视。

与此同时，如果将关注的焦点都集中在某个问题之上，也可能使其他的问题被忽视。比如战后教育导致的日本社会重视学历和平等的问题。

我在调查第二次世界大战后学校中的"不平等"问题时，发现认为学校通过成绩对学生进行分类的做法属于"歧视"的看法十分普遍。偏差值教育之所以遭到批判，也是因为社会普遍认为单纯根据成绩对学生进行评价，给学生划分三六九等，会导致学校中出现不平等的想法根深蒂固。而针对根据考试成绩划分班级的做法，一直以来人们都认为"这样做会导致教育歧视"。

在上述问题的背后，支撑这些观点和想法的是"日本社会重视学历"这一普遍认知。学历越高越好，因此要尽量考上好学校。在这种重视学历的观点的影响下，应试竞争愈发激烈，结果，人们对"学生根据成绩被划分为三六九等"这种观点深信不疑。而对社会重视学历的批判中，还包括"学历明明不能反映职场中的能力，却在应聘时会导致不同的待遇"这种观点。

但是，在上述"不平等"的问题背后，其实还隐藏着其他的问题。与被称为阶级社会的英国和存在人种问题的美国一样，日本也存在原生家庭的文化程度决定孩子学习成绩的问题。经过调查就可以发现，父母都是大学学历的孩子往往比父母只接受过义务教育的孩子分数更高，也能够取得更高的学历。

根据到目前为止的调查，父母从事医生或律师等职业，或者在大企业担任高层管理者的孩子，与父母是普通劳动者的孩子相比，前者普遍拥有更高的学历。

虽然关于这部分我无法提供详细的数据，但经过国际横向对比和充分的调查之后可以充分证明，日本绝对称不上"平等社会"。与拥有明确的阶级意识的英国社会和因为多人种聚集导致相关贫困问题的美国社会相比，因为出身阶层导致教育不平等的日本社会在"不平等"的问题上可以说是有过之而无不及。父母的职业、学历、收入等原生家庭的状况对孩子的学历带来的影响非常巨大。

　　然而，人们在将成绩排名视为"歧视"，关注职场上过于重视学历的问题，却对这种"原生家庭"所导致的不平等问题视而不见。因为家庭环境导致成绩差异和学历差异的不平等问题，一直没有得到应有的重视。

　　之前也有一些研究者，通过调查发现了日本社会存在的这种不平等问题，并且提出了这个与人们的常识刚好相反的事实。然而，这些针对事实的主张却并没有打破日本人根深蒂固的"平等神话"。因此，我的研究不只停留在指出这个不平等的事实上，还将关注的重点放在为什么日本社会没有将这种教育的不平等看作值得关注的问题上。我将视角从平等和不平等的问题上稍微偏离了一点，在"为什么不平等的问题没有得到重视"这个后续的视角上对问题重新进行了审视。

　　碍于篇幅所限，关于这部分的具体内容，本书只能省略。感兴趣的读者可以参考拙著《大众教育社会的未来：学历主义与平等神话的战后史》以及《阶层化日本与教育危机》这两本书（这两本书都以社会重视学历的问题和教育问题为主题，对多元思考的方法进行了实践性的展开）。其中有关于前文中提到的调查结果的具体介绍。

　　正如这个例子所示，因为某问题（成绩排名和学历歧视）得到世人的关注，导致与该问题相关的其他问题（出身导致的教育不平等）受到忽视。没有被重视的问题就不重要吗？未必如此。

被创造出来的越轨者——标签理论

犯罪者是如何诞生的？有人认为与个人的性格和成长经历有关，也有人认为与个人和社会之间的紧张关系有关，但有一位美国的社会学家却提出了一个完全不同的视角。他就是因"标签理论"而广为人知的霍华德·贝克尔教授。针对犯罪者和行为异常者等"越轨者"诞生的原因，他给出了如下全新的视角：

社会集团制定出规则，将违反规则的人视作越轨者，并给这些人贴上圈外人的标签，结果导致越轨者诞生。从这种意义上来说，越轨并不是人类的行为的性质，而是其他人将规则和制裁适用于"违反者"身上的结果。越轨者指的是被贴上这类标签的人，而越轨行为则指的是被贴上这类标签的行动。

越轨不只是个人的问题，更是社会的问题。

顺带一提，贝克尔教授是我大学时代的任课教师。他在课堂上采用的是让学生去实地考察，将发现的问题记录下来的实践学习法。学生们每周都要将考察记录装在软盘里（1984年时已经使用苹果电脑进行教学）交给贝克尔教授。教授则会用另一种字体在文档上写下点评。一般来说，教授的点评都是站在其他的视角上对考察内容进行评价，可以让学生们认识到在不同的角度看问题，会有不同的发现。贝克尔教授思考问题的方法在课堂上也表现得淋漓尽致。

但不同的看待问题的方法，有时候就会导致出现这样的错误。无论事态的严重程度如何，会得到有些事项被视为问题，有些事项则无法得到重视的结果。

（ 步骤3 ） 问题及其脉络

在看完前面的内容后，相信大家已经意识到，需要我们去解决的问题并不是凭空出现在我们眼前的。值得关注的问题，只有在赋予这个问题意义的脉络中，被概念的探照灯照亮，才会作为问题出现在我们的眼前。

关于问题和脉络之间的关系，我们以"怎样才能熟练使用计算机"这个问题为例来进行思考。对于50多岁的工薪族和信息工程专业的大学生来说，"熟练"的意义肯定完全不同吧。50多岁的工薪族只要会用鼠标和键盘，掌握基本软件的使用方法，可能就能称得上"熟练使用计算机"了。

但对于信息工程专业的大学生来说，能够编写出最大限度发挥硬件功能的程序，或者通过网络操控周边设备等，才算是达到"熟练"的要求。由此可见，对于不同的对象，即便同样是"怎样才能熟练使用计算机"这个问题，其意义和应对方法都是完全不同的。

到了这一步，距离掌握后续视角就很接近了。具体来说，思考将问题放在什么脉络中才能使其得到关注，是掌握"后续视角"的方法之一。不能只思考"问题是什么"，还要思考"为什么成为问题"。这种"针对问题提问"的视角也是通往多元思考的另一条道路。

对于思考"怎样才能熟练使用计算机"的人来说，问题的重点毫无疑问是"怎样"。但如果没有一味地思考"应该怎样做"这类眼前的问题，就会发现"为什么这会成为问题"，将关注的重点从"怎样"转移到"问题的脉络"上来。

比如前面提到的那个例子，针对50多岁的工薪族，将问题从"怎样才能熟练使用计算机"上稍微偏离出来，提出"为什么现在需要使用计算机"，就是站在后续视角上提出的问题。而在思考这个问题的时候，能够得出许多答案。

- 公司内部开始使用电子邮件，如果不能接收和回复电子邮件的话，就无法开展工作。
- 随着互联网的普及，需要通过网络获取最新的信息。
- 害怕被时代淘汰。
- 不会使用计算机恐怕会成为裁员的对象。

将"怎样才能熟练使用计算机"这件事作为50岁的工薪族的问题来思考的话，关于这个问题的脉络可以整理如下：

比如，"怎样才能熟练使用计算机"这个问题是为了对应"公司内部开始使用电子邮件"。在这种情况下，产生最初问题的脉络就非常清晰，也很容易理解为什么会提出这个问题。关于"怎样"这个问题的回答范围也非常明确。也就是说，在这种情况下，只要掌握能够熟练接收和回复电子邮件的方法就足够了。而关于这方面的知识应该也是比较明确的。

如果是为了应对"害怕被时代淘汰"这种因莫名的焦躁感而导致的问题，又应该怎么办呢？在这种情况下，"怎样才能熟练使用计算机"这个问题也没有明确的意义，人不知道应该如何利用计算机来解决问题。

面对这样的情况，可以试着将"害怕被时代淘汰"这个问题分解一下。搞清楚"被时代淘汰"究竟是因为无法通过互联网获得最新的信息，还是因为无法及时地跟上流行趋势。如果原因属于后者，那就针对如何才能跟上流行趋势来思考这个问题。

如果原因属于前者，还可以将问题继续分解为能使用计算机的情况和不能使用计算机的情况，思考两者之间获得的信息有什么区别，以及通过互联网获取的信息具有怎样的价值。或者还可以将关注点放在获取信息与使用信息的区别上。在不断变换角度思考问题的过程中，"熟练使用计算机"的意义就会变得更加明确。

像这样将问题的脉络清楚地表示出来，在思考解决问题的方法时也能够发挥重要的作用。

如果信息的内容非常重要，那么在学习鼠标和键盘的用法之前，思考和调查哪些信息只能够通过互联网获得，以及这些信息对工作有什么帮助，可能是更加重要的课题。此外，思考自己不使用电脑的话是否能够做到同样的事情，也是另一种解决办法。

　　像这样站在后续的视角上对问题进行分析，就能发现问题的脉络，然后将最初的问题重新放在合适的位置。

　　也就是说，关键在于通过思考最初的问题及其脉络，来搞清楚问题的意义。这样做可以开阔我们的视野。通过站在后续的视角上思考"为什么这会成为问题"，能获得将最初的问题在更加广阔的脉络中重新放在合适位置上的视角。

（步骤4）　针对问题提问的方法

　　除了思考"为什么这会成为问题"之外，还有一个针对问题提问的方法，那就是思考"在提出某个问题之后，谁会因此受益，谁会因此损失"。这也是针对围绕问题的利害关系提出的问题。

　　以前文中"怎样才能熟练使用计算机"的问题为例。这个问题会产生出怎样的利害关系呢？让其成为问题的正是这里会提及的后续视角。

　　在这种情况下，不会使用计算机的人会被时代淘汰，属于企业不需要的人才这种看法可能会成为问题的脉络。这样的话，通过提出"怎样才能熟练使用计算机"这个问题，就会有人因此受益，而有人因此损失。比如企业可以将计算机当作一种评判的工具，削减中层管理者的数量，将薪资发放给会使用电脑的年轻员工，以此来使自己有正当的裁员理由。

　　接下来，我们思考一下"如何取消偏差值教育"这个问题。通过提出这个问题，有谁因此受益，又有谁因此受损呢？公立学校取消偏差值，学生并没有因此受益，因为在学校之外偏差值教育仍然盛行于世。那么受益的是教师吗？似乎也不是。教师无法委托专业机构制作试卷，只能自行制作。并且，教师失去了偏差值这个统一的衡量标准，只能自己根据学生们的考试分数来制作升学指导的资料，工作量反而比之前增加了不少。

那么，考试行业受益了吗？补习班的状况又是怎样的呢？对于和学校合作为其提供考试场地和试卷的考试行业来说，应试考生数量减少，考试场地成本增加，怎么看都不像是受益的结果。而对于补习班来说，参与补习的学生数量增加了，似乎补习班是收益的一方。但这只不过是"意料之外的结果"，并不是这个问题提出时的意图。

这么看来，在直接的当事人之中，并没有人因为提出这个问题而受益。那么，究竟谁受益了呢？是提出废除偏差值的政治家和文部省（当时）吗？由于当时的社会舆论对偏差值教育呈现出一边倒的批判态度，因此对于他们来说，只要表示出反对偏差值的态度，就能得到一定的支持。曾经"文部省推行的教育制度导致歧视"的批判现在已经没人再提，或许就是这一举措的成果。由此可见，提出"如何取消偏差值教育"这个问题，与"有必要表现出消灭应试教育这个'万恶之源'的决心"存在着明显的联系。

当提出某个问题之后，谁会因此受益，谁会因此受损？像这样将视角从问题本身上稍微偏离一些，就能发现问题的脉络。

还有一个针对问题的提问方法，那就是思考"解决这个问题之后会发生什么"。当然，眼前的问题肯定会得到解决。比如"怎样才能写出优秀的企划书"这个问题，只要掌握了写企划书的方法，那么眼前这个问题肯定就解决了。但在解决眼前问题的同时，还应该思考"解决这个问题之后会发生什么"，在这之后会产生怎样的波及效果。

假设你要为某活动写一份企划书。当企划书写完之后，还会发生什么呢？关于这部分内容可以整理为以下几点：

- 许多人参加活动。
- 赞助企业赚取更多收益。
- 得到各路媒体的一致好评。
- 参加者得到充实感与满足感。
- 制定企划的人得到上司的赏识。
- 借举办活动的机会拓展人脉。

在这些结果之中，哪些是和"优秀的企划"有关系的呢？通过思考这个问题，可以使我们发现什么是"优秀的企划"，以及给企划赋予"优秀"这个意义的标准究竟是什么。

也有人认为，"优秀的企划"是"能够得到上司认可，得到批准的企划"。从这个意义上来说，"怎样才能写出优秀的企划书"这个问题就可以展开为"怎样才能写出容易得到批准的企划书"。但在这种情况下，赋予企划书"优秀"这个意义的标准，就变成了上司对自己的评价。

比如下面这个例子，"优秀的企划"的意义就是由"他人的评价"赋予的。

曾经有一本某出版社出版的哲学书十分畅销。最初作者将书稿拿给某大型出版社，但这家出版社对书稿的内容进行讨论后并没有决定出版。于是作者又将书稿拿到别的出版社，另外的出版社出版后，这本书一下子成了畅销书。大家熟悉的《哈利·波特》系列在出版过程中也遭遇了类似的情况。

上述例子充分证明了即便同样是"优秀的企划"，但对谁来说优秀，或者做出优秀判断的人是谁等问题尤为重要。对市场来说"优秀的企划"，可能对某企业来说属于"不能批准的企划"。

在企业之间类似的例子也十分常见。在某企业中广受好评的事物，在另外的企业可能反响平平。如果只在一个组织中进行思考，就很难发现这样的区别。因为我们已经习惯了自己所在组织的"常识"。在这种情况下，应该尽量拓宽思路，思考"解决这个问题之后会发生什么"。这样我们就能发现赋予问题意义的标准，从"常识"的束缚之中挣脱出来。

优秀的企划对谁来说优秀，是在什么意义上的"优秀"？站在后续的视角上思考赋予问题意义的标准，就能够将眼前的问题相对化。

以下是提问后续的方法的关键点：

重点内容

1. 通过思考"为什么这会成为问题"，我们会获得"将某个问题视为问题"的视角。

2. 即便是同样的事物，如果看问题的角度不同，那么问题的意义和应对方法也会有所不同。

3. 当关注点都集中在某问题的时候，需要注意是否有因此被忽视的问题存在。

4. 发现问题脉络的方法有以下两种：

   （1）思考提出某问题后，谁会因此受益，谁会因此受损。

   （2）思考"解决这个问题之后会发生什么"。

　　在本章之中，我尽可能详细地为大家介绍了做到多元思考的具体方法。但最重要的，还是对任何事物都保持怀疑的态度，以及遇到固定观念的解答时坚持用自己的大脑思考的意识。本书介绍的，就是在用自己的大脑进行思考时必不可少的方法。

　　用自己的大脑进行思考，并不是一件容易的事。因为被某种"常识"束缚而难以挣脱出来的情况十分常见。在这种情况下，站在后续视角上进行思考是非常有效的方法。

　　从眼前的问题中稍微偏离出来一点重新对其进行审视。只需要如此简单的方法，我们就能发现问题的多元性，甚至可能从中发现新的问题。掌握了从问题中偏离出来的方法，就可以避免被固定观念束缚，拥有自己的视角。而拥有自己的视角之后，我们就会知道自己站在怎样的立场上看待问题。

从这个意义上来说，理性多元思考法，其实是我们用来理解自己和自己身处的这个世界的方法。

后 记

从我站在大学的讲台上起，至今已经过了 6 年。当我从学习知识转变为传授知识时，我曾经思考过自己究竟应该教些什么。没错，大学是学习专业知识的场所，我完全可以将自己的研究成果传授给学生们。只要将专业领域的知识传授给学生们，那我身为大学教师也算是合格了。但成为教师之后，我却为此感到有些困惑，尤其是对单方面地将专业知识灌输给学生们的意义产生出一种疑问。

这个疑问就是我拥有的知识，对其他人来说是否也拥有同样的意义。对有意向成为研究者的学生来说还好，但是对于那些大学毕业后立刻就会走入社会的学生来说，我传授的这些专业知识究竟有多少价值呢？我开始思考，与知识本身相比，是否在接受知识的过程中所学到的那些东西更加重要呢？

此外，当我与学生们接触了一段时间之后，我发现他们思维的僵化程度完全超出了我的想象。这些在应试教育中拼命学习并最终成功考上东大的学生对学习充满热情，拥有很强的理解能力，还很擅长找出答案。但是，当他们需要自己提出问题并且将问题清楚地表述出来的时候，思维僵化的问题就非常明显地暴露了出来。虽然这种情况不能完全归罪于"应试教育",但至少也说明现在的学生在进入大学之前,极其缺少自己提出问题和解决问题的学习经验。

面对这样的学生,我开始思考自己究竟有什么可以传授给他们。最后我想到的答案是,让学生们享受发现问题的乐趣,以及通过改变视角发现事物隐藏一面时的喜悦。我在大学中的教学实践是否取得了预想中的成果,需要由学生们来进行评价。本书是我根据这些实践经验,将自己在课堂和研讨会上讲述的内容以文章的形式表述出来所做的一种尝试。至于本书的内容是否取得了预想中的成果,则有待诸位读者来给予评判。

我写作本书的契机是一篇新闻报道。几年前,某大型补习学校面向大学四年级学生进行了一项关于大学教育的调查,让学生们评价在自己上过的课程中,哪位教师的课程最好。然后以此为基础发布了大学的"最佳讲师"排名。我有幸入选,报纸上还用很小的篇幅介绍了这件事。讲谈社学艺图书第三出版部副部长细谷勉刚好看到了这篇报道,于是邀请我写一本书。

在此之前,我也写过与大学教育相关的书籍和文章。在这些书籍和文章中,我不但指出了当前大学教育存在的问题,还提出对大学教育进行改革的必要性。因此,当细谷先生邀请我写一本关于大学实践教育的书时,我意识到这对于回顾自己的实践经验具有非常重要的意义。

但当我真正动笔开始将自己的实践经验转变为文章的时候,

我立刻发现这并不是一件容易的事。我无法将自己的想法准确地用文字表现出来，更难以将其组织成一篇完整的文章。

我在大学上课的时候，可以通过课堂上的讲义和指导论文的机会改变学生们的思维模式。在这样的实践过程中，随机应变的应对十分重要。因此，当我将自己的教学经验整理成文章的时候，我很难将这种临场感充分地表达出来。在写作过程中，我曾经数次产生出"这个写不出来了"的想法。本书最终之所以能够完成，多亏了担任责编的细谷先生对我的鼓励，以及我坚持不懈的毅力。

此外，在本书写作过程中发生的一起重大事件，也使我的思想发生了巨大的转变。这个事件就是"奥姆真理教"事件。通过这起事件，我再次意识到从多个视角看待事物的重要性，以及将这种方法尽可能传达给更多读者的重要性。

在本书的最后，我想对为本书的出版提供帮助的诸位表达感谢之情。首先是参加我课程和研讨会的学生们。与他们之间进行的理性交流，是本书诞生的原动力。许多学生阅读了本书的原稿，并给我提出了非常宝贵的建议。可以说如果没有与学生们的交流，就没有这本书。从这个意义上来说，本书是我与这些学生共同创作的。此外，不同行业交流会"UrbanClub"和"理性生产技术研究会"的诸位也为我详细讲解了"思考"对社会人的重要性究竟是怎么回事。如前文所述，责任编辑细谷勉从本书的构思阶段就为我提供了许多有益的建议。能够遇到一位优秀的编辑，对作者来说是最大的幸事。最后，对作为本书最初的读者通读了原稿，并一针见血地提出建议的妻子夏子致谢。

苅谷刚彦

图书在版编目（CIP）数据

理性多元思考法 / (日) 苅谷刚彦著 ; 朱悦玮译
. -- 北京 : 中国友谊出版公司, 2023.1
　ISBN 978-7-5057-5519-2

　Ⅰ . ①理… Ⅱ . ①苅… ②朱… Ⅲ . ①思维方法
Ⅳ . ①B804

中国版本图书馆CIP数据核字(2022)第110272号

著作权合同登记号　图字：01-2022-6504

书名	理性多元思考法
作者	［日］苅谷刚彦
译者	朱悦玮
出版	中国友谊出版公司
发行	中国友谊出版公司
经销	新华书店
印刷	天津雅图印刷有限公司
规格	889×1194 毫米　32 开
	6.5 印张　126 千字
版次	2023 年 1 月第 1 版
印次	2023 年 1 月第 1 次印刷
书号	ISBN 978-7-5057-5519-2
定价	49.80 元
地址	北京市朝阳区西坝河南里 17 号楼
邮编	100028
电话	（010）64678009